沼田 朗
Numata Hogara

三賢社

ドラ猫進化論

はじめに

ヒトはなぜ、ドラ猫に惹かれるのか

猫が日溜まりで気持ちよさそうに体を舐めているのを見かけただけで、「あんなふうに気楽に生きられたら、さぞかし幸せだろうなあ」という羨望の想いとともに、ほんわかと癒されてしまう人が多いのはなぜだろう。

しなやかな身のこなし、独立心旺盛でマイペースなライフスタイル、そこに二〇〇〇年代以降は「癒し」という新たなキーワードを与えられて、世はまさに「空前の猫ブーム」の時代と呼ばれている。

最近ではマンチカンやラグドールなどの最新人気純血種の話題が伝えられることが多いが、その一方で、昔ながらの三毛猫、虎柄猫、ハチャメチャな色柄のミックス（雑種）、超巨大デブ猫といった「ブサかわ」（不細工で可愛い）な猫もまた人気を呼んでいる。

さらには住環境の変化から「昔みたいに自由に猫を飼えなくなった」「飼いたくても飼えない」と嘆く人々が増加し、二〇〇四年に初登場した「猫カフェ」が、全国に次々とオープン。「街歩き・猫探し散策」が静かなブームになったりもしている。

そこで今、あらためて注目したいのが、我が国において江戸時代から連綿と続いている「ドラ猫」と呼ばれる猫たちの存在である。

このドラ猫こそが、長きにわたって日本の猫の一般的なイメージを牽引してきた多数派にして主流派であり、時代の変遷によって幾多のモデルチェンジを繰り返しつつも、今なお根強い存在感をそこかしこで見せつけているのだ。

検索ワードは「お魚くわえたドラ猫」

ドラ猫とはどんな猫のことなのか？

そう聞かれたなら、たぶん真っ先に、「お魚くわえたドラ猫　追っかけて　裸足でかけてく陽気なサザエさん」という、アニメ『サザエさん』のオープニング主題歌（作詞・林春生）を思い出す人が多いのではなかろうか。

いかにも太々(ふてぶて)しいツラ構えで、堂々とヨソサマの家に忍び込んでは食卓の魚を掠め取り、裸足のサザエさんに追いかけられても平気の平左で逃げ去ってしまう図々しい猫――ドラ猫の代表的イメージといったら、たぶんこんなものであろう。

だが、こういうタイプの猫が大手を振って闊歩していたのは古き良き昭和の風景の一コマであり、今現在はほぼ絶滅状態なのではなかろうか。

そう思われた方は、今すぐお手持ちのスマホかパソコンを開いて貰いたい。検索ワードはズバリ「お魚くわえたドラ猫」だ。するとビックリ、出るわ出るわ。「お魚くわえたドラ猫」と題されたおびただしい数の画像、ブログ記事、さらには動画までもヤマほど見られてしまうのだ。

いるところにはいるもので、今でもまだ全国のいたるところで、太々しいドラ猫たちがこんなにも魚をくわえては、堂々と逃げ去っているのだ。運良くそれに出くわした多くの人々が、驚き喜んで思わず手持ちのデジカメや写メに収め、「お魚くわえたドラ猫」と書き添えてわざわざ公開したくなってしまうのだから、さすがは五〇年近く続く国民的アニメの影響力は恐るべし。

国民的アニメといえばもう一本、あの『ドラえもん』の存在も意外と大きいだろう。今や全世界に向けて堂々と「ドラ」を宣言している、未来の猫型ロボット「ドラえもん」。そして、昭和四四（一九六九）年に放送開始されて以来今も変わらず、毎週日曜の夕方になると裸足でドラ猫を追っかけ続けている「サザエさん」。この二大国民的アニメあったればこそ、江戸時代に生まれた「ドラ猫」という言葉が死語にもならず、昭和から今日に至るまで一般庶民に受け継がれてきたといっても過言ではないはずなのだ。

今でも猫は「狩り」をする

そうはいっても現在では、お魚くわえてサザエさんに追っかけられるような逞しい生き方とは無縁な、もっとのんびりとマヌケでユルい猫のほうが圧倒的に多いはずだ。だがそんな猫たちもまた、本質的には同じ「ドラ猫」に違いない。それは、太々しいコワモテの仮面を脱ぎ捨てた「隠れドラ」、あるいは「次世代ドラ」なのである。

「ドラ猫」という言葉が意味する猫の捉え方は日本独特で、他の国には「ドラ猫」に相当する言葉は見当たらないようである。それではドラ猫は日本にしかいないのかというと、もちろんそんなことはない。

野生のネコ科動物は、皆狩りをして獲物を補食して生きている。魚をくわえて逃げるドラ猫の行為とは、狩りの対象が生きた獲物から死んだ獲物へ、人間の生活が関わった獲物へと変化したことを意味している。ただそれだけのことなのだ。

すべての猫は狩りをする。昔のようにネズミを捕らえて食べなくなっても、魚を奪って逃げなくなっても、ただユルみきって惰眠を貪っているとしか見えない猫であっても、それでもやはり狩りをして生きているのだ。

どういうことかというと、どんなにユルみきった猫でも、「こうすれば食べられる」という手段を、しっかり学習して身につけているからだ。身につけて実行している手段が、その猫にとっての「狩り」ということになる。

同居人にしつこく付きまとったり、鳴きまくったりすれば、それで食事にありつける。それがわかっていて鳴きまくるのであれば、鳴きまくることがその猫にとっての「狩り」だ。猫によっては鳴かずに「ただじっと見つめて、眼力で威圧して訴える」、あるいは「寝ている同居人を前肢でモミモミ踏んで起こす」、「上から腹に飛び降りてボディプレスを食らわせて起こす」、「奥さんよりもハードルが低いマヌケな旦那を標的としてセビりまくる」といった案配で、現代の「猫の狩り」のバリエーションは、猫の数だけ無限に存在しているのだ。

「そんなの、ただ人に飼われてエサ貰ってるだけじゃん!」などと侮ってはいけない。

この一点に関しては、猫は野生の森に暮らしていた時代と何も変わっていない。自分が人の飼い猫であるなどとは、夢にも思っていないのだ。あくまでも人との同居という環境を自ら選び、自分のなわばりと認識して暮らしている。食料は飼い主から一方的に与えられているわけではなく、自らの狩りの手段を駆使して自力で腹を満たしている——と、猫自身はそういうつもりになっているのだ。

猫と良い関係を築きたいなら、何よりまずこれを理解してやることが先決なのだ。

「昭和の街並み」は猫たちのパラダイス

さてそんなわけで、今も変わらずマイペースで生き続けている日本のドラ猫たちであるが、二〇〇〇年代に入って以降、主に住環境において激動激変の真っ最中にある。

日本の四季や自然環境、日本文化などのすべてが猫をドラ猫たらしめた大きな要因であり、伝統的な日本家屋とかつての日本の街並みほど、自然な猫の生態と相性が良い住環境は世界でも類を見ない。

ドラ猫には、古き良き昭和の風景がよく似合う。現在でも街中で猫の姿がよく見かけられるのは、昭和の香りが今なお残った「再開発されそこなっているプチ昭和地帯の一角」のような場所に多い。その理由は、家や街並みの構造の一つひとつが、猫の習性や生活習慣に合致しているからである。だから猫たちは好んでその地を選ぶのである。

古い木造住宅密集地などは、猫にとってはまさに天国だ。所々にちょいとした小さな空き地があったりしたら、なお良い。その空き地の隅のほうに雑草が高く生い茂り、適当に古材が積み上げられ、土管が放置されていたりすれば文句なし。しかし、そんな空き地や原っぱは今や『ドラえもん』の劇中でしか見ることはできない。

江戸時代から明治、大正、昭和を経て、平成に入ってもまだ細々と保たれていた日本家屋の伝統が、ここ二〇年ほどで急激に根本的に変わりはじめてしまった。そこへもってきて、東日本大震災を経験して高まった防災意識から、建て替え取り壊しの波は一気に広がっていった。首都圏においては二〇二〇年の東京オリンピック開催に向けてさらに加速することとなり、猫たちの愛した昭和の街並みの痕跡は、もはや完全にその姿を消そうとしているのだ。

「ドラ猫」のようにしたたかに

さて、そんなかつてない激動激変の逆境の中を、今どきのドラ猫たちはいかに生きているのだろうか？

これが実に、変化をものともせずに、相変わらずマイペースで新しい環境を楽しんでいたりするのだ。そして、都心の街角や公園などでは、また一段と進化した新手のドラ猫たちが現れはじめている。それは、本来の猫の習性を根本的に無視したような、とんでもない場所で平気でくつろいでいる猫だったり、信じられないくらいまでに人馴れしている猫だったり、あまりにも何事も恐れなさすぎる超絶太々しいハイパードラなのだ。そうした猫たちが、なぜか突然ある時期から同時多発的に各所に現れはじめたのだから、実に興味深い。

そして、今日もドラ猫たちはそれぞれお気に入りのどこかの場所で、気持ちよさそうに顔を洗ったり体を舐めたりしながら、泰然自若と暮らしているのだ。

著名な動物学者のデズモンド・モリスはかつて、「人間とは『裸のサル』である」といった。

いいかえれば、「人間とは、高度な知能を有したがゆえにドラと化した『ドラ猿』である」ということだと思う。閉塞感あふれる今の時代。私たちは「ヒト」という学名の動物であるという厳粛な事実を、あらためて思い出すべきではないだろうか。

人類も結局は動物なのだという当たり前の事実を思い出すためにも、最も身近に存在している自然体の動物、猫に倣ってその「ドラな生き方」を探ってみるのもいいかもしれない。これからお届けする本書は、ドラとは何かをマジメに考察した一冊である。

目次

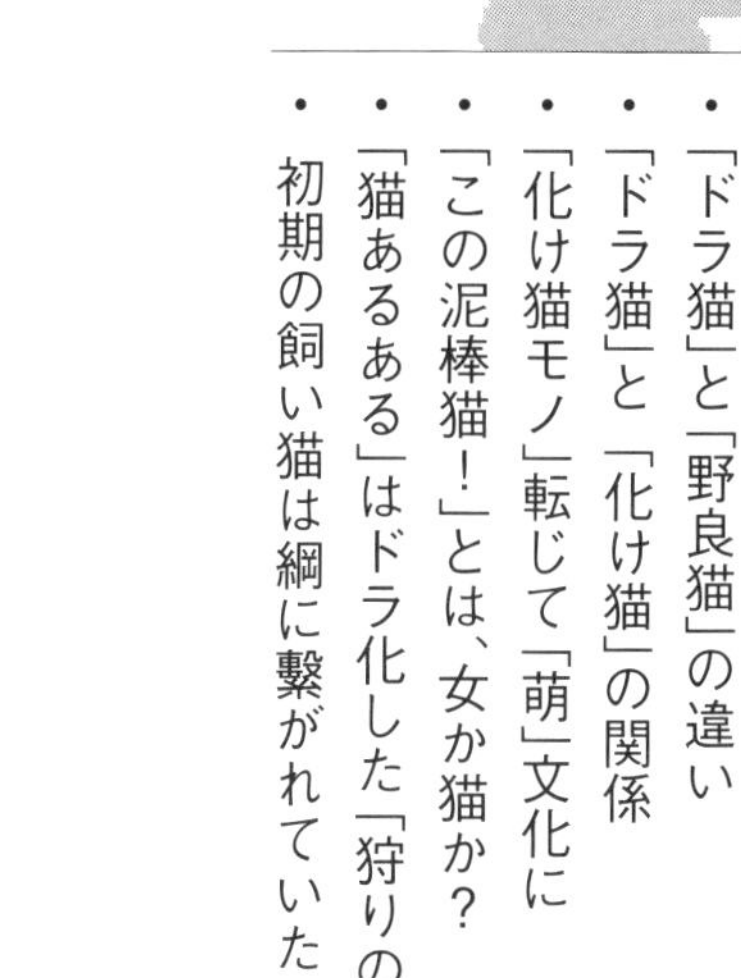

「イエネコ」のはじまりはネズミとともに……053

第二章

第四章

猫はなぜ化けたのか……127

第六章

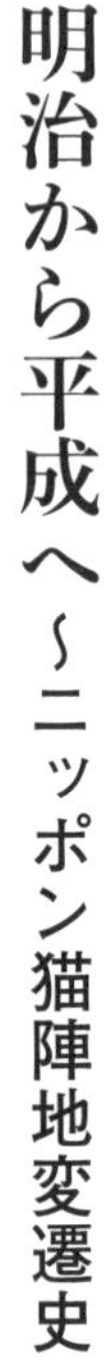

第七章

「太々しすぎるドラ猫」たちが未来を拓く

終章

人生に寄り添うドラ猫たち

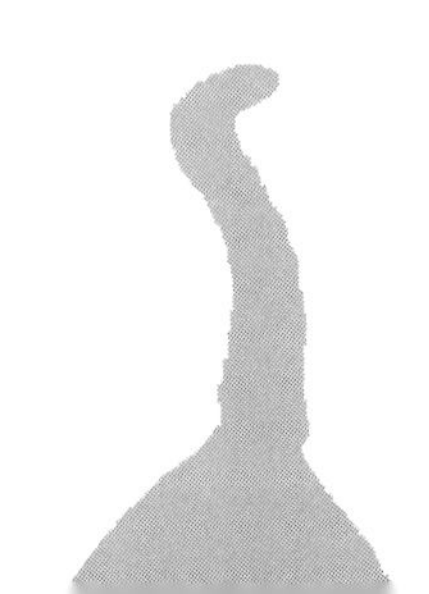

序章

「ドラ猫」総論

「道楽」のドラと「銅鑼」のドラ

そもそも、なぜ日本に「ドラ猫」なるものが現れたのか？　手はじめに「ドラ猫」という言葉について徹底的に深堀りしてみたい。

ドラ猫とは、実は今現在の辞書などではいわゆる「野良猫」とイコールとされているようなのだが、そういいきられてしまうと、イメージ的になんか違うような気がする。

それはなぜか。

「ドラ猫」という言葉が生まれたそのわけを、猫の習性、歴史的背景などをふまえて深堀りしてみれば、厳粛な自然原理の意表を突いた、実にバカバカしくも面白い「この世の妙」が見えてくる。どうやら「ドラ」とは、単なる猫だけの問題ではなさそうなのだ。

「ドラ猫」とはどういう意味か、まずは世の一般的な辞書に書かれている解説を確認してみることにしよう。

どらねこ【どら猫】①ふてぶてしくて、よそのものを盗み食いなどする猫。②飼い主の定まっていない猫。（三省堂『大辞林第三版』の解説）

どら猫　読み方：どらねこ　別表記：ドラ猫　他人のものを盗み食いする横着で厚かましい猫。また、野良猫を意味する語。（『実用日本語表現辞典』の解説）

どら‐ねこ【どら猫】 さまよい歩いて、よくぬすみ食いなどをする猫。のらねこ→どら（岩波書店『広辞苑第六版』の解説）

といったように、どうやら「盗み食い」をするのがドラ猫の一番の特徴のように書かれている。それならばドラ猫の「どら」が盗み食いを意味するということなのだろうか。そうではないことは、『広辞苑』で「どら」を引けばすぐにわかる。

どら 放蕩。道楽。また、道楽者。のら。多く接頭語として用いる。浮世風呂「角（かど）の――かね」。「――息子」

なんと「ドラ息子」が出てきた。そう、ドラを語ろうというのなら、ドラ猫同様に有名なもうひとつの「ドラ息子」の存在はどうしても避けて通れない。ということで次にその「どらむすこ」で引いてみると、

どら‐むすこ【どら息子】 なまけ者で放蕩（ほうとう）をするむすこ。道楽息子。→どら

と、「どら」の項とほぼ同じ単語が並んでいる。ドラ息子の「どら」とは、「道楽」「道楽者」

のドラのことだというのだ。そして、「どら」の項の「どら息子」のその先には、「どらを打つ」という使い方も示されている。

―を打つ（「金尽く」を「鉦撞く」にもじり、「銅鑼打つ」とかけたしゃれともいう）放蕩して財産をつかいはたす。浄瑠璃、夏祭浪花鑑「傾城あつめてどら打たるるを」

ど・ら【銅鑼】金属製打楽器。多く唐金（からかね）で造り、盆形をし、紐で吊り下げて桴（ばち）で打ち鳴らす。大小各種あり、中央部にいぼ状の隆起を持つものもある。桴も種類が多く、用途によって組合せはさまざま。仏教の法要や歌舞伎囃子、獅子舞などの民俗芸能のほか、茶席などにも用い、出帆の合図にも打ち鳴らす。仏教用のものは鐃（にょう）と称す。度鑼。易林本節用集「鉦、ドラ」

なるほど、銅鑼とは「船が出るぞ～」という出帆の合図として打ち鳴らされる打楽器であり、この銅鑼の「ジャーン」を、早いテンポで打ち鳴らせばさらに大袈裟な音色となる。この鐘の連続音「じゃん‐じゃん」が「調子づいて物事が休みなく盛んに行われるさま」（『広辞苑』）を表す言葉となり、現代でもよく使われている。ちなみに和菓子の「銅鑼焼き」は、この銅鑼の形に似ているからだそうだ。

つまりは、本来の家業を怠けては道楽にふけり、銅鑼を打つが如くにジャンジャン金を注ぎ込んじゃうのが「ドラ息子」だというわけなのだ。

そのドラ息子たちの「道楽」の内容は具体的にはいかなるものだったのか。酒色と博打(ばくち)と放蕩である。「放蕩」の意味は「酒色にふけって品行の修まらぬこと」、「酒色」は「酒と女色」なので、「酒道楽」「女道楽」「博打道楽」がドラ息子の定番であったと思われる。いわゆる「飲む打つ買う」というやつで、これが「男の三道楽」「三銅鑼煩悩(さんどらぼんのう)」と称されているのだ。

この「男の三道楽」とは趣を異にする「江戸時代の三大道楽」と呼ばれるものもあって、こちらは「園芸道楽」「釣り道楽」「文芸道楽」。一方、杉浦日向子の『お江戸でござる』(新潮文庫)によれば、「これに手を染めると家が傾くといわれた江戸の三大道楽が、『園芸』『釣り』『骨董品』です」だそうである。

ここらあたり、現在では「その道のマニア」と称されてオタク、サブカルのジャンルに細分化拡大拡散され、どれだけの「道楽のタネ」があるのか把握できそうもない。それでもどれだけ細分化されようとも、時代が移り変わろうとも「道楽者」の本質としては同じなのだろう。

故・山本夏彦翁が常日頃から喝破していた如く、江戸庶民も現代人も、ヒトの行いにはたぶんそれほど大差ないというわけなのだ。

ネズミの代わりに魚を盗む「道楽猫」

さてそんなわけで、ドラ息子の「どら」が道楽の「どら」から来ていることはよく納得できたものの、それがドラ猫の「どら」と同じものなのかどうか。

各辞書の解説で見る限りでは、ドラ猫の解説中に「道楽」の文字はない。ドラ猫の解説における最重要ワードはなんといっても「盗み食い」なのだ。

江戸時代にドラ息子だのドラ者だのと呼ばれていた連中の中には、その道楽に入れ込む余りに犯罪スレスレのところまで足を踏み込む者もいたかもしれない。だが、「盗み食い」となるとドラ息子のキャラじゃない。

それならばやはり、盗み食いを働くドラ猫の「どら」は、道楽を意味するドラ息子の「どら」とは、それぞれ別のルーツから派生してきたのだろうか。結論からいえば、どちらも同じ「どら」である。

と、辞書にも載っていないことを何の資格も有しない市井の研究者にすぎない私如きがいいきってしまうのも、たいへん不遜で申し訳ないのだが、正真正銘、ドラ猫の「どら」とドラ息子の「どら」は同じと見て間違いないはずなのだ。

そもそも猫が人間社会に深く入り込むに至ったそのきっかけは、田畑を荒らし収穫物を食い尽くすネズミを物の見事に捕食する、その優秀な狩猟能力が何より重宝されたからに他ならない。だがしかし、すべての猫がいつでも人間の都合のいいようにネズミ退治に勤しんでくれるわけではなかったのだ。

恐らくそれは江戸時代、「怠け者、道楽、放蕩」を意味する「どら」という言葉が浸透して、「ドラ者」あるいは「ドラ息子」と呼ばれる不届き者が江戸の街を闊歩していたちょうど同じ頃、ネズミが現れようとも捕らず、そのくせよけいな物にじゃれついて遊ぶことには熱心で、あとは日がな一日、日向ぼっこをして寝て暮らす。そして、腹が減ったらネズミを補食することなく人目を忍び、献立用の魚を掠め取っては逃走する——そんな猫が目立って増加してきたのだ。

小憎らしくも太々しいその態度はまるで「ドラ者」「ドラ息子」のようで、「怠け者で道楽者で、放蕩、放埓（ほうらつ）な猫」だと理解されたはずだ。そこである時、魚を掠め取られた江戸庶民の一人がこう叫ぶに至ったのだ。

「こいつめ！　猫の分際でネズミを捕らずに人様の魚を捕ろうたぁ、なんたる不届き者。この、ドラ猫めェ！」

このように「お魚くわえたドラ猫」は、もともと江戸時代に猫が魚を盗んで逃走した時からはじまっていたのである。要するに「魚をくわえて逃げ去るような図々しい猫」、それが「ドラ猫」ということに他ならないのだ。

当初は「猫のくせに肝心のネズミ捕りを怠って魚を盗む」ということから、「怠け者、道楽、放蕩」の「どら猫」と呼ばれるようになったと思われるのだが、時が経つにつれネズミを捕るか捕らないかはあまり問われなくなり、むしろネズミなんか捕らなくても当たり前というような感じにさえなってきた。そんな状況下で堂々と人の食料だけを盗み食いするような事例が増えてきたことから、現代の辞書の「どら猫」の項目から「道楽」が消え、「よそのものを盗み食いなどする猫」という意味付けに落ち着いたと思われるのだ。

「ドラ猫」と「野良猫」の違い

さて、時が経つうちに次第にドラ猫という言葉の意味付けが変化したと思われる重要点がもう一つ。それは先の辞書に「②飼い主の定まっていない猫」「また、野良猫を意味する語」とあるように、現在の一般的な意味では「どら猫」イコール「野良猫」とされてしまっていることだ。この両者、本来はまったく別の意味で、別々の猫を指していたのである。

日本の猫の歴史は飛鳥時代から奈良時代にかけてすでにはじまっていたと考えられているが、文献上の正史に猫が登場するのは平安時代に入ってからである。中国から献上された猫を平安京に住む皇族・王朝貴族が貴重な愛玩動物として寵愛することが流行り、その時の猫は「唐猫（からねこ）」と記録されていることが多く、時に「殿上猫（てんじょうねこ）」とも呼ばれていた。

その一方で、平安時代後期の武将で歌人・源仲正（みなもとのなかまさ）が詠んだ、

まくず原下はひありくのらねこの夏毛かたきは妹(いも)が心か
（真葛原の下を這い歩く野良猫の夏毛が硬いのは、まるで貴方の心のようだ）

という和歌が残されており、この頃から今とほとんど同じ意味だと思われる「野良猫」がすでに存在していた証拠となっている。

『広辞苑』の「どら」には「放蕩。道楽。また、道楽者。のら」と書かれているが、この最後の「のら」とは野原、屋外を意味する「野良」、野良猫の「野良」とはまったく別の言葉である。『広辞苑』の「のら」には、

のら ①なまけること。なまけ者。のらくら。②放蕩（ほうとう）すること。また、その人。放埒（ほうらつ）。どら。

と、実に「どら」とほとんど同じ意味であることが示されている。さらには、

のら‐むすこ【のら息子】 道楽息子。どらむすこ。
のら‐もの【のら者】 のらくら者。なまけ者。道楽者。

とも書かれており、やはり「のら」と「どら」は同義語であり、どうやらそれは「のらくら（なまけ遊んで日を送るさま。また、その人）」がその発端であるらしいことがわかる。

それならば「どら猫」と同じ意味での「のら猫」という言葉もあったのかと思いきや、『広辞苑』の解説では、

のら‐ねこ【野良猫】 飼主のない猫。野原などに捨てられた猫。どらねこ。

と、猫に限ってはまたしても「野良」と「のら」と「どら」が混同してしまっているのだ。これはいったいどういうわけなのだろう。要するに「ど」と「の」の関係性が気になるわけなのだが、『広辞苑』にはこんなことも書かれている。

ど『接頭』（近世以来、関西で）①ののしり卑しめる意を表す。「―阿呆」「―畜生」②その程度が強いことを表す。「―ぎつい」「―まんなか」

①なら「ど田舎」「ど貧民」「ど素人」、②ならば「ど壺」「ど偉い」「ど根性」などなど、他にも言葉がすぐに思い浮かぶのだが、この「ど」の強調性を加味して、インターネットの『語

源由来辞典』には「どら猫」についてこんなことが書かれている。

【どら息子の語源・由来】 どら息子の「どら」は、怠惰や道楽、またそのような人を表す言葉として、江戸時代には単独で用いられていた。この「どら」は、なまけることや放蕩することを表す「のら」が強調された語で、「のら」はなまける意味の「のらくら」の「のら」と考えられる。どら息子の「どら」と同じ強調には「のら猫」を「どら猫」という例があり、異なる意味では「のける（退ける）」を「どける」という例もある。

なるほど、「どら」がパワーアップした「のら」だとするならば、「ドラ（銅鑼）」ばかりか「道楽のドラ」も後付けで洒落たということになる。それならばドラ猫の語源も「ネズミを捕らずに魚を奪う道楽猫」ではなく、パワーアップした「野良猫」なのか。そう考えるならば当たらずとも遠からずとも思える。

実は平安時代以降の野良猫、すなわち「飼い主のない猫。野原などに捨てられた猫」の中からは、本当にパワーアップした奴が続々と現れて、後に飼い猫からもパワーアップする奴が現れていたのだ。もっとも当時はパワーアップではなく「化ける」といわれていたのだが……。

「ドラ猫」と「化け猫」の関係

猫は、最初に人間と生活をともにするようになった古代エジプト時代には、太陽の神、豊壌の神と崇められた。一方、中世ヨーロッパでは得体の知れない魔性の者、悪魔・魔女の化身と見なされて、数世紀にわたって迫害・虐殺の対象とされてきた。他の国や地域でも同じように神格化されたり、魔物と化した怪猫の伝説が残されているが、それは猫の夜行性の習性や身体的特徴、たとえば暗闇で瞳が光ることなどが当時の人々には信じがたいインパクトを与えたからであった。

そんな世界各国の怪猫の中でもレジェンドと呼べる存在なのが、日本の「猫股（ねこまた）」である。ヨーロッパで猫が魔女の化身とされたのは一五世紀末から一八世紀あたりのこと。しかし、日本の猫股はもっとも古く、歴史的にも長期間にわたっている。

最初に怪猫が現れて人々を襲ったのは、平安時代末期の一一五〇年。その後鎌倉時代に入った一二三〇年代に「猫股」という呼称が確立して、それから江戸時代中期頃まで日本各地に出没しては数々の伝説を残している。新潟をはじめ数か所の「猫股神社」は、ネズミから蚕を守る「養蚕の神」としても名高い。

そして猫が魚を盗んではドラ猫と呼ばれはじめた江戸時代以降は、日本の怪猫のトップの座は「猫股」から「化け猫」へと世代交代した。実は私も「猫股」と「化け猫」を混同していたクチなのだが、妖怪研究の第一人者・京極夏彦によれば「猫股」と「化け猫」は似ているようで別の成り立ちから生まれ出た、まったく別種の妖怪なのだそうである。

化け猫の伝説は、江戸時代に読み物や歌舞伎の演目となって大人気を博したのだが、後に化け猫へと変貌する猫と主人公の最初の出会いのシーンは、魚を泥棒して叩きのめされている猫を主人公が助け、それがきっかけで生活をともにするようになるのがパターンの一つとしてあるそうだ。つまりは魚を泥棒するのは「化けへの第一歩」ともいえるわけで、「ドラ猫」と「化け猫」はひと繋がり。すぐ隣りにいて魚を奪いにくるリアルな実在の化け猫のようなもの、それがすなわち「ドラ猫」と認識されていたわけなのだ。

「化け猫モノ」転じて「萌」文化に

江戸時代に歌舞伎の舞台で大人気を博した「化け猫モノ」は、大正時代に入ると映画となり幾度ものブームとなる。

最も初期の化け猫映画、目玉の松ちゃんこと二代目尾上松之助(おのえまつのすけ)主演の全七作などでは、化け猫はハリボテのような着ぐるみで演じられていたそうだ。昭和になってからは妖艶で官能的な演技で「妖婦女優」(ヴァンパイア)と称された鈴木澄子の当たり役となり、その後も化け猫は女優が生身にメーキャップで演じるのが定番となる。そして昭和二八(一九五三)~三二

（一九五七）年にかけては、戦前の大スターであった入江たか子がまさかの化け猫役で主演ということで大いに話題となり、全五作品はいずれも大ヒットであった。

入江たか子が演じた化け猫では、「猫じゃらし」と呼ばれる猫がネズミを弄ぶ動作を摸した歌舞伎の所作が取り入れられた。

その基本は、指をギュッと握って丸い拳をつくる。その際に親指を中に握り込んでしまうのがポイント。この握り方のほうが拳全体がより丸くなって、猫の手らしく見えるのだ。次に手首にギュッと力を入れて折り曲げ、肘を曲げて顔の近くまで持ってくる。当然のことながら、丸めた手首は必ず前に向ける。これがいわゆる「招き猫のポーズ」で所作の基本だ。

そうして、手首のナックルをきかせて「てい！」と手首と肘を伸ばし、円を描くように再び曲げる。これがいわゆる猫パンチであり、入江たか子の化け猫が恨む相手を弄ぶ恐怖のアクションであったのだが、後にこの化け猫ポーズがだんだんと猫っぽい可愛らしさの表現へと変わっていった。

化け猫から派生した生身に猫の耳の女性キャラクターは、俗に「ねこみみ」と総称されて、猫的な性格、対人表現が「ツンデレ」と呼ばれて一人歩きをはじめるなど、平安時代からはじまった「猫股」「化け猫」の系譜は、現代のクールジャパン・サブカル・オタク文化の中に今なお深く溶け込んで生き続けているのだ。

「この泥棒猫！」とは、女か猫か？

猫は昔から洋の東西を問わず、その自由気ままな印象やしなやかな容姿から女性にたとえられることが多かった。だから「化け猫」が女性キャラに落ち着いたのも必然だと思われるのだが、では「ドラ猫」はどうなのか？

ドラ猫の場合に限っては、鉢の開いた頭でコワモテな、いかにも太々しいボス猫タイプの雄猫が連想されることが多いような気がする。マンガなどに登場するドラ猫的なキャラクターもたいていは雄猫だ。

だが、実際に魚を盗み食いするなどして「この、ドラ猫め」と呼ばれていた猫に雄雌は関係ない。いや、むしろ雌猫のほうが多かったはずだ。もともと、江戸時代には「雄よりも雌猫のほうがネズミをよく取る」と信じられていて、ネズミ退治用の猫には雌の人気が高かったという。これも一理あり、雄猫が求めるのは常に自分が食べる分だけだが、雌猫は子猫に与える分のネズミも捕らねばならない。当然、ネズミ代わりの獲物である人の食料用の魚を奪うのだって、雄よりも雌のほうが子育ての一環としてより熱心に巧みに行っていたはずなのだ。

そんなわけあってのことなのか、「ドラ猫」から後に派生したと思われる新しい言葉に「泥棒猫」がある。これはいったいどういう猫を指すのかというと、

どろぼう‐ねこ【泥棒猫】 他人の家にこっそり入り込んで食物を盗み食いする猫。また、比喩的に、隠れて悪事をする者。

と、『広辞苑』ではなっている。ここでも雄雌の違いは問うていないわけだが、雌猫のほうが「ドラ猫」じゃなくて「泥棒猫」と呼ばれやすかったと思われるのだ。

この「泥棒猫」という言い回しがいつ頃はじまったのか、詳細は私が調べた限りでは不明である。猫が盗む食料が魚一辺倒であった時代を過ぎ、それでもまだドサクサしていて猫が町中を自由に闊歩できた昭和の戦後以降になってからではないかと思われる。

私が直接知っている例では、昭和三七（一九六二）年公開の『銀座の若大将』（杉江敏男監督作品）という映画の中で、加山雄三演じる若大将・田沼雄一が働いている銀座のレストランの厨房に猫が忍び込んできて、「このドラ猫！　泥棒猫！」と、ご丁寧になぜかダブルで罵倒されるシーンがある。

ところで「泥棒猫」という言葉には、辞書などには未だ一切記されてないようだが、「他人の亭主・恋人を寝取った女。不倫女。色気に任せて人の男を誘惑しまくり、奪いまくる魔性の女」というような意味があるようだ。特に映画やドラマの台詞では、現在でもよく使われている。劇中での「この、泥棒猫！」という台詞は、魚を奪ったドラ猫にではなく、男を寝取った相手を罵倒する時に使われるのが定番となっている。

この「泥棒猫」がいつから使われるようになったのか、最初の作品は何なのかを調べてみたが、まったくの不明であった。ネット上でもこれに気付いて話題にされていることは多く、「あの作品のあのシーンであの女優がいっていた」という例が断片的には出てくるのだが、その流れがまるでわからない。わからないながら細かく遡ったなら、昭和初期の代表的「妖婦女優」にして元祖化け猫女優・鈴木澄子にまで辿り着いてしまうのではなかろうか、と考える次第だ。とかく日本のメディアには「ドラ猫」「化け猫」の影響がいたるところに見え隠れしているわけなのだ。

「猫あるある」はドラ化した「狩りの戦法」

話を猫に戻そう。

ドラ猫はなぜ、魚泥棒を繰り返したのか。それは「狩りの本能」がそうさせたのであり、狙う獲物が生きたネズミから死んだ魚へと変化したということなのだ。猫は自然本来の狩りの気分そのままに、獲物の出現を待ち、決行のチャンスを窺っては一気に襲い掛かる。獲物そのものが反撃してこなくなったぶん、狩りは楽勝となったのだ。

前述のように私は、どんなに惰眠を貪っているだけに見えるマヌケな飼い猫であっても、それでもすべての猫は狩りを行っていると捉えている。狩りを実行するために備わった基本中の基本能力である、持ち前の「状況観察力」と「学習能力」によって、「こうすれば食べられる」という「狩りの手段」をきちんと学び取って実行しているからだ。

しかし、反撃してこない獲物を相手にするようになった「ドラ猫」となったその日から、猫の体がドンドン鈍ってきていることは否めない。およそ猫の体の各部の特徴、身体機能、習性のすべては、猫が生き残るために進化させた「高度な狩りの実行」に向けて調整されたものだからだ。その肝心の「高度な狩り」が「ドラ猫化」で楽なほうへと流れはじめれば、猫の体も習性もすべては無用の長物となり、「ドラ化」しておかしなことになってくる。

猫の猫らしいおかしな特徴、なんでこんなことするんだろうと思える行動や習性は、もともとは狩りのために必要だったのに今は不要となってしまった「ドラ化の賜物」に他ならない。爪を研ぐ、熱心に顔を洗っては体中を舐めまわす、糞を埋める——すべては獲物を狩るのに必要な行動であったのだが、今ではただ「そのほうが気持ちいい」程度のドラ行為となってしまった。

狩り場の把握のために日々行っていたパトロールも、いまやイタズラのネタ探しの徘徊へと変わり、狩りに優位なように日々探しては獲得していた「陣地」も、ワケのわからない「猫のヘンな居場所」「乗っかり場所探し」という、代表的でマヌケな「猫あるある」の一つに成り下がってしまった。

高いところが好きなのも、箱や袋にすぐ入りたがるのも、すべては狩りの習性上に関係してのことなのだ。しかし、それがどんなに無駄で無意味でマヌケに見えようとも、猫にとっては内から湧いてくる本能によって、そうせざるをえないのだ。

狩りをしなくなって、すべての機能は不要となったが、それでも狩り行動の衝動を抑えることはできない。そこで猫は「遊ぶ」のだ。パトロール能力の基本中の基本であった旺盛な好奇心そのままに、いたるところにイタズラのタネを見つけては手を出し、じゃれつき、引っ掻いて食い付いて破壊する。

耳を澄ませば魂の奥底から聞こえてくる衝動があるから、どんなに怒られたって、このイタズラ遊びはやめられないのだ。

初期の飼い猫は綱に繋がれていた

江戸時代から明治、大正、昭和を堂々と生き抜いて平成にまでバトンを繋いでいたドラ猫の系譜は、ここ十年弱の再開発ブーム、住環境の劇的な変化によって、少なくとも都市部においては壊滅的な状態である。昔ながらのドラ猫生活を自力で営んでいる猫は、ほぼいなくなってしまった。

そもそも街中で自由を満喫できる猫の数はめっきりと減り、飼い猫には最初の子猫の段階から一切外の世界に触れさせない「完全室内飼い」が推奨されるようになった。

そんな猫を取り巻く環境と、猫を飼うということの概念が急激に変化している中で、かつてはほとんどの猫好き一般人が知らなかった「歴史に埋もれたある事実」が、にわかに脚光を浴びるようになってきたようだ。

その歴史上のある事実とは、

「平安時代から江戸時代に入る前までの日本の飼い猫は、綱に繋がれて自由に出歩けないようにされていた」

というものだ。

日本の飼い猫のはじまりは中国から贈答された猫を平安京の皇族、貴族たちが愛玩したことによる。なにしろ当時の日本ではたいへん珍しい貴重な愛玩動物であったので、外に出さずに綱に繋いで大切に大切に飼い育てるようになったのだと、巷の多くの猫本や猫ブログなどには書かれている。

『源氏物語』には猫が繋がれていた様子が記述され、綱に繋がれた猫の絵が残されている。その後の時代に入っても記録や絵画などによる「猫が繋がれていた証拠」は散見されており、江戸時代に入る前年になってはじめて猫を繋ぐと罰せられる「猫放ち飼い令」が発布され、ようやく猫たちは自由に内へ外へと出入りするようになったというのだ。

つまりは、「江戸時代以前の日本の飼い猫は室内飼いが普通だったのだから、今また完全室内飼いにしたとて猫にそれほど不幸を与えることにはならない」と、そう考えたいらしい。

これは確かにその通りなのかもしれないが、本当に現在の完全室内飼いのように一切外に出さなかったとは信じがたい。だが、すべての猫がいつでもどこでもというわけではないにしろ、江戸時代以前の飼い猫たちが往々にして綱に繋がれて行動を制限されていたのは事実のようだ。

問題はその理由だ。

「貴重な愛玩動物であったから、盗まれないように、迷っていなくならないように繋ぐようにした」

本当に動機はそれだけだったのか。いやいや、繋がずにはいられないような、もっと切迫した事情があったのではないだろうか？

よくよくこの平安時代のあれこれを拾い上げて推察してみたならば、「あ、これか！」と思うような、とてつもなく複雑でやっかいな事情があったことがわかってきた。

しかもその事情には、現在でもペットの双璧として何かと猫と比べ続けられている「犬」の存在が大きく関わっている。この切迫するやっかいな裏事情があったがゆえに、猫たちは繋がれることとなってしまい、また一方ではその事情が因となって「猫股」が生まれ出ることにもなってしまったようだ。

そして長い時を経て、ようやく江戸時代の幕開けとともに一斉に綱を解き放たれた猫たちであったが、期待されたネズミ捕りを十分に行うことなく、あろうことか魚泥棒に走って「ドラ猫」の悪名を頂戴するに至った——と、ぶっちゃけてまとめればこのような流れで「お魚くわえたドラ猫」は誕生したのであった。

　盗み取る獲物が「なぜ魚だったのか?」ということも含めて、要するに日本の歴史的、文化的諸事情が複雑に絡み合い、その結果として必然的に日本の猫は「堂々たるドラ」となってしまったのだ。

第一章

「肉食系巨大グループ」の頂点にのぼり詰めた猫

生きている他者をかっ食らうのが「肉食系」

二一世紀の今現在、猫と犬とはペット界の双璧として並び称せられている。

そして、たとえば「猫はわがままで自分勝手な個人主義だけど、犬は仲間意識が強くて忠誠心がある」だとか、「あなたはネコ派？　それともイヌ派？」というような、あたかも両者がライバルであるかのような比較をされることが多い。

猫と犬、どちらが頭が良いのか、果たしてホントに優秀なのはどちらだ？

こういった議論は遊びとしてならそれなりに面白いのかもしれないが、ハッキリいって的外れな愚問だ。それぞれの習性も人との関わり方の歴史も異なるのだから、比較して優劣を競っても無意味であろう。

ところが、どちらが優秀かといった問題とは無関係だが、どちらが上か下かといったなら、「犬よりも猫のほうが上」とハッキリ示されているある基準が存在する。しかもそれは、犬だけではない。熊の仲間にイタチの仲間、アシカやオットセイの仲間などのすべてが所属する肉食系動物の巨大なグループの中で、パンダ、レッサーパンダ、アライグマ、フェレット、ラッコ、ゴマフアザラシなどといった数多くの人気メンバーを差し置いて、そのセンターには堂々と猫の名が刻まれているのだ。

この地球上の肉食動物の大多数が所属する巨大グループ。その名も「ネコ目（もく）」だ。

現在の日本で「ネコ目」と呼ばれている分類名は、かつてはラテン語による世界共通の学名原語を直訳した「食肉目（もく）」と呼ばれていたものだ。それならば、なぜ「食肉目」と名付けられたのだろう？

それは猫をはじめとするこの目（もく）グループに所属する動物たちが、あえて「食肉」という表看板を掲げるにふさわしいほどに、肉食動物としての機能、能力が際立っていたからだと思われる。

ここで誤解なきように、そもそも「肉食動物とは何か？」という基本中の基本から確認しておく必要がある。

最近の流行言葉では「草食系男子」に対する「肉食系女子」というような表現をしているが、これが本来の意味とは無関係なのは誰でも知っているはずだ。それでも「焼肉大好きだけど野菜はあんまり食べたくない」だとか、「魚より肉のほうが好き」とか、要するに草食動物はベジタリアンで、肉を好んで食べるのが肉食動物なんだと、その程度の感覚でしか捉えられない現代人はけっこう多い。だが、動物分類学的にいう「肉食動物」とは、そんな生易しいものではない。

肉食動物とは、ただ単純に肉を食す動物を指すのではない。この場合の肉とは「生きている他の動物の体」のことで、相手も生きているから当然、食われまいとして逃げたり反撃してきたりもするわけだが、それを上手に狩って食するスキルを有した動物。それらを総称して「肉食動物」と分類している。だから生きている魚を捕えるサメも、カエルやザリガニを食べるカワウソも、アリを食べるアリクイだって分類上は肉食動物ということになるのだ。

すべては「恐竜滅亡」からはじまった

そんな肉食動物としての機能と能力。生きている動物を上手に狩って食する力と技が際立っているのが食肉目、すなわちネコ目に所属する動物たちというわけなのだが、今現在この猫の名が肉食動物の頂点に掲げられ、我々人間がこの地球上を支配してしまっているという事実が、いかにとんでもない偶然の連鎖の結果であったことか。どこかが一つでも異なっていたなら、猫も人間も生まれ出てではいなかったのだ。

この地球上に様々な動物たちが現れはじめて間もなく、いわゆる「弱肉強食の定理」が厳しくも即座に定められることになってしまった。「食うモノ」対「食われるモノ」。どちらも必死で進化発展を繰り返しつつ、様々な種族が現れては消えていったのであった。

そんな中、大恐竜時代であった中生代に天下を取っていた「食うモノ」が、ご存知恐竜ブームの根幹を支える不動のセンター、ティラノサウルスをはじめ、絶対的次世代エースと噂されるヴェロキラプトルやデイノニクス、ひょっとしたら恐竜人間にまで進化していたかもしれないと噂されるトロオドンなど、幾多の人気恐竜が所属する「獣脚類」の肉食恐竜たちであったのだ。獣脚類たちは草食恐竜や他の動物たちを自ら狩って、その生の体を食らいながら、当時の地球上に君臨していたのだ。

そしてこの大恐竜時代に、恐竜をはじめとするあらゆる動物から「食われるモノ」であった弱く小さき存在。それが我々人類や猫の先祖である初期の哺乳類なのだ。哺乳類がこの世に現れたのは、今から約二億二五〇〇万年前の中生代三畳紀後期。実に最初の恐竜とほぼ同時期に、ほとんど「食われ役」のような立場で登場してきたのだ。

現在見つかっている中で最古の哺乳類であるといわれるアデロバシレウスは、体長わずかに一〇～一五センチ。外見は現在のトガリネズミのようであったと推測されている。恐竜と同時期に生息していた哺乳類の大きさはいずれもネズミほどで、すべては夜行性であった。昼間は恐竜たちに見つからぬようにひっそりと隠れ、恐竜が寝静まった夜間にこっそり起き出してきては、昆虫を捕らえたりして細々と生き延びていたのだ。

そしてそんなネズミのような初期哺乳類の一種として、約一億二五〇〇万年前の白亜紀前期に生息していた化石が発見されたのが、体長一〇センチ、推定体重二〇～二五グラムほどのエオマイアであった。その意味は「黎明期の母」、中国名では「始祖獣（しそじゅう）」という。

実にこのエオマイアこそが、現在のすべての有胎盤哺乳類の祖先。すなわち、ネコ目、ウマ目、ウシ目、クジラ目、ウサギ目、ネズミ目、そして我々人類・ヒトも含まれるサル目（霊長目）、すべてに共通のご先祖様に当たる。この弱き小さき哺乳類エオマイアの、遠い未来の子孫である「ネコ目の猫」と「サル目の人間」の誕生と出会いは、もし白亜紀末の恐竜総ズッコケという大異変がなかったなら、すべてははじまってすらいなかったのだ。

哺乳類は「小さかった」から生き延びた

栄華を極めていた恐竜たちのすべては、約六五五〇万年前の中生代白亜紀末に、突然にして地球上からその姿を消してしまった。これを機に地球の地質時代の区分は、「中生代」から現在まで続く「新生代」へと切り替わったのだ。

この中生代白亜紀末の大絶滅の原因については長年にわたって論争が繰り返されてきたのだが、現在最有力とされる「超ド級巨大隕石落下説」が初登場したのは一九八〇年。その後、この仮説に対して様々な賛否両論が入り乱れたが、一九九一年になってその隕石落下跡と目される巨大なクレーターが発見された。そして、二〇一四年三月には、隕石衝突によって発生した濃縮な酸性雨が地球全土に降り注ぎ、この酸性雨が大絶滅を引き起こしたのだとする論文が発表されて、大いに注目を集めた。

本当に巨大隕石によって恐竜は絶滅したのか。いずれにせよ完全にその真相が解き明かされているわけではないのだが、この大絶滅期を無事見事に生き延びてしまったのが、我らがご先祖様、弱き小さい存在だった哺乳類たちだったのである。

巨大隕石衝突説の場合において、体の大きな恐竜たちはどこにも逃れる術(すべ)がなく、放射能や濃縮酸性雨などの衝突後の大変動をまともに食らって滅びてしまったのに対し、小さな体で小回りのきく哺乳類たちは、たとえば裂けた岩盤の隙間から地中へと潜り込むなどして、なんとか全滅を回避できたと推測されている。まさに弱き小さき存在であったがゆえに、奇跡的に生き延びたというわけなのだ。

とにもかくにも、ここで恐竜時代がリセットされてしまったことによって、その後の地球上の動物界の様相が一変することとなってしまったのだ。とりわけ獣脚類の肉食恐竜無き後の「食うモノ vs. 食われるモノ」、そして「食うモノ vs. 食うモノ」の力関係は混迷を極めることになった。

そしてこの熾烈な肉食覇権争いの渦中へと、徐々に体を巨大化させていった新型哺乳類が参戦してゆくこととなる。幾多の盛衰の果て、現在の猫、犬、熊、その他すべてのネコ目に所属する動物たちの共通の先祖にあたる肉食獣が誕生した。その名をミアキス。ついに現れたミアキスの一族・ネコ目によって、この肉食戦国時代の天下統一が成されるのであった。

ネコ目直系祖先、その名はミアキス

ミアキスは、その後に続く肉食哺乳類の子孫たちの狩りのテクニックの基礎を築き上げた革命的な戦士であった。それは、とにかく真正面から獲物に向かって攻撃していくということ。

主な武器は鉤爪付きの前脚を使った引っ掻き攻撃と、口を使った噛み付き攻撃だ。これがミアキスの基本的な狩りのテクニックであり、後にこれが様々に発展改善されながら幾多の子孫たちへと枝分かれして進化し、現在の猫、犬、その他食肉目の動物たちが現れるに至ったわけだ。

ミアキスの体長は約三〇センチほどで、長くほっそりとしたそのスタイルや特徴は、現在生息するネコ目の子孫の中では犬や猫よりもイタチに最も近いらしい。四肢の先端には引っ込めることが可能な鋭い鉤爪を備えており、樹上で生活するには重宝するほか、もちろん強力な狩りの武器となっていた。これもまたイタチに同じ。

イタチの爪の恐ろしさは「かまいたち」という言葉を生み出したほど。鎌で切りつけられたような傷ができる謎の現象を「かまいたち」というが、これは鎌のような爪を持つイタチの妖怪「かまいたち」の仕業。現在のイタチはフェレットが人気を集めていたりして、猫や犬に次ぐペットにもなっているが、本来は極めて獰猛で残虐なハンターである。自分よりもはるかに大きい獲物を単独で襲っては、見事に仕留めて貪り食ってしまうのだ。それはミアキスが編み出した狩りのテクニックを、正統に受け継いで発展させたものに違いない。

だから、ミアキスの姿を想像してみるならば、現在のフェレットのようなイタチでは似つかわしくない。出崎統監督の秀作アニメ『ガンバの冒険』に登場する最強の白イタチの「ノロイ」のようなイメージが当たらずとも遠からずだろう。

もちろん体色は白であるわけはなく、ミアキスの復元図にはネコ科動物のような斑点模様が施されているものが多い。これは樹上生活のネコ科動物によく見られる模様であることから、同じく樹上生活であったミアキスにもまた、同じような模様があったのではないかと推測されているわけなのだ。

ミアキスは肉食獣脚類恐竜の魂の継承者

ミアキスはイタチのようなほっそりとした体格で体長約三〇センチほどの軽量級。対して当時の地上には、いずれも二〇〇~三五〇センチ超級のメソニクス目アンドリューサルクス、恐鳥類ディアトリマ、肉歯目ヒアエノドンといったはるかに大型重量級の肉食ライバルたちがひしめいていた。そこで後発のミアキスはなかなか地上界に降りることができず、樹上を主な生活圏としていたのだ。

そんなミアキスが他の大型肉食ライバルたちを凌駕できたのは、より優位な身体構造と狩りの技によってであった。とりわけ前述した四肢に携えた鋭利な鉤爪による攻撃のポイントが高い。鉤爪を突き刺された相手は、その痛さにもがけばもがくほど、爪はかえって自動的に深く食い込んでしまうのだ。

この攻撃法は、後肢の鉤爪でヴェロキラプトル、デイノニクスら末期の肉食獣脚類恐竜が一足早く行っていた方法と同じ。恐竜とはまったく別のミアキスに鉤爪が継承されたというのは、より攻撃性を高めようとする「肉食魂」による進化の方向性の必然であったのだろうか。しかもミアキスの場合は前肢にも鉤爪を採用できたので、攻撃パターンはより洗練されているのだ。獣脚類恐竜の後肢鉤爪は、歩く際に邪魔にならないように、指先を上に高く上げられるようになっていた。驚くべきことに指先の関節が一八〇度回転可能で、指先を振り下ろす形でスパッと相手を切り裂くことも可能だったろうという。

ミアキスはこの点でもよりスマートに洗練され、鞘に納めるが如くに通常は指の間に爪を隠しておいて、いざ攻撃の時にニョキッと飛び出させてスパッと切り裂くのだ。

出し入れ可能な鉤爪はミアキスのその後の子孫であるネコ科動物に受け継がれているが、獣脚類恐竜の子孫である鳥類の中にも鉤爪攻撃を受け継いでいる猛禽類という一群がいる。地上のライオン、トラ、ヒョウなどの大型ネコ科動物と、空中のワシ、タカ、ハヤブサ、ハゲワシ、コンドルなどの大型猛禽類。ともに食物連鎖の生態系ピラミッドの頂点となった。「てっぺん」を取れたその鍵は、まさに「鉤爪」にあるのだ。

完成した猫の必殺必中のテクニック

恐竜絶滅後の肉食王覇権争いに勝利したミアキス。その狩りの特徴は、飛び出す鉤爪付きの前脚を使った引っ掻き攻撃と、口を使った噛み付き攻撃。そして、とにかく真正面から獲物に向かって攻撃していくということ。その後にミアキスから進化した動物たちは、すべてこの手法を基本としている。

そして、この手法がそれぞれに洗練されていき、相手の急所を瞬時に見抜いてピンポイントで攻める高等な技が開発されていった。

鉤爪を失ったイヌ科では、正面からの噛み付き攻撃で喉の急所を狙うか、後ろへと走り込んで背後から首筋に食らいつく。とにかく前面に向かっての攻撃が得意ということで、いずれの動物もまずは対面の相手の喉笛（のどぶえ）を狙う。あるいは背後に回り込んで首筋に食らいつく。例外もあるだろうが、喉元か首筋かというのが、ミアキスの子孫たちには共通しているようである。

子孫の中では唯一出し入れ可能な鉤爪を受け継いだネコ科へと進化したものたちは、「引っ掻きまくって」「食い付いて」「噛み殺す」というのが一連の流れであったが、進化につれてテクニックはより洗練されていった。そして、現生のネコ科動物において、ついにその完成形が確立されたのであった。

確立されたネコ科動物の狩りは、まずは物陰にじっと潜んで獲物を待つことからはじまる。ライオン以外は単独で行い、多くは夜間に実行される。

暗闇に身を潜め、そっと忍び寄り、チャンスと見るや一気に飛び掛かる。鋭い鉤爪を突き立てて押さえ込む。そして「ガブリ！」と急所への一噛みで仕留めてしまうのだ。

とどめの一噛みは、噛み殺すのとは大きく異なり、多くは首筋の急所のツボにプスリと犬歯を差し込む。すると、頸椎が切断された相手はコロッと死んでしまうという、池波正太郎の『仕掛人・藤枝梅安』にはじまり、その後の必殺シリーズの仕事人たちに継承されていた、まさにアノ技と同じなのだ。

爪の代わりに走りこんで背後に回るチーターと、集団で相手を追い込んでのなぶり殺しの要素が多少残っているライオンだけがちょっと例外なのだが、基本的にはこれがネコ科の「必殺テクニック」の最終形態なのだ。

このテクニックでネコ科動物は食物連鎖の頂点にのぼり詰め、いつの間にか地球上の肉食動物は、ほとんどがミアキスの子孫たちで埋め尽くされていた。そしてここに「ネコ目」と称されて、堂々と猫の名がそのセンターポジションに冠されるに至ったのであった。

それがどれだけ困難極まる道であったことか。恐竜と同時期に最初の哺乳類が誕生して以来、敗れ絶滅していった種がどれだけいたことか。何億年もの過当競争を勝ち抜いた末に、「てっぺん」までようやく辿り着いたもの。それが「猫」なのだ。

だが、しかし……。最強の狩りのテクニックを編み出し、この地球上の肉食動物の頂点までのぼり詰めたその猫が、もうとうの昔に狩りの正道から外れてしまい、新たなる邪道の道へ迷いこんでしまっているのだ。

そんな猫を、昔の日本ではこう呼んだのだ。「この、ドラ猫！」と。

第二章

「イエネコ」のはじまりはネズミとともに

ホモ・サピエンス（ヒト）誕生

恐竜絶滅後の熾烈な覇権争いの末に、ついに肉食動物の頂点を極めたネコ目ネコ科の動物たち。だが、そんな「地上最強のハンター」であったはずのネコ科動物は、イエネコ以外のほとんどすべてが絶滅危惧種に指定されている現状にある。ただ一種イエネコだけが、「ドラ猫」という新しい生き方へのキャラ変更を遂げて「ペットの王道の座」を射止め、独り勝ちしているというわけなのだ。

どうしてこういう事態となってしまったのか。

もちろんそれは、異常なまでに大増殖してしまった「サル目のヒト」という種である人間が、ほぼ地球全土を勝手に支配してしまったからに他ならない。

だが、それでも当の猫たちは、自分が人間のペットだという自覚なんぞは微塵もない。未だに孤高のハンターとしてのプライドに揺らぎはなく、そこが猫の本質である「ドラ猫」たるゆえんなのだ。

ともに同じ祖先エオマイアから枝分かれして進化した猫とヒト。

エオマイアから長い年月の末にミアキスが生まれ、さらにまた悠久の時を経てネコ科動物へと進化した。

その一方、エオマイアは約六五〇〇万年前に霊長目に近縁または祖先とされるプレシアダピス目（偽霊長類）を生み出し、霊長目の進化はその頃からはじまったと考えられている。そして、約三五〇〇万年前には現代型霊長類と呼ばれるアダピス類とオモミス類が現れ、そこからサル目の仲間たちが続々と現れてくることとなった。

時は流れて、約四〇〇万年前に直立二足歩行の猿人アウストラロピテクスが現れ、やがて手指が進化して物を掴めるようになり、ネアンデルタール人などの旧人類を経て、約二五〜一五万年前頃に世代交代したのが現生人類ホモ・サピエンス。すなわち現在の我々、人類の誕生だ。大宇宙の命の根源の何者かが「早く人間になりたい！」と願い続け、ようやく人間になれたというわけなのだ。

こうして生まれた猫と人間とが結び付くきっかけは何だったのか。その出会いのキーワードは「狩りから稲作へ」ということになる。昔の我々の祖先たちはみんな、正真正銘「食うか食われるか」の狩りが日常茶飯事で、倒した相手をかっ食らって生き延びてきたのだ。

人間の食性は他の哺乳類動物や鳥類の肉を食するのみではなく、魚介類も植物果実も幅広くなんでも頂いてしまう雑食性であったので、当時の人類は「狩猟採集生活民」と位置づけられていた。

一方、前述のようにこの地球上の肉食動物の頂点にのぼり詰めた「肉食の中の肉食」、最強のハンターとして「狩りの中の狩り」を極めていたのがネコ科の動物たち。さらに同時代には、ミアキスの子孫として狩りの袂を分かつダブルセンター、集団追跡型イヌ科動物の狼が君臨していた。

そして、人類の中からこの狼と共闘して獲物を狩るグループが現れはじめ、その狼から現代へと続く犬（イエイヌ）へと変貌し、生活をともにしながら、人類との絆もより強固になっていったのである。

人類のルーツは、旧石器時代の狼少年

狩猟採集民であった頃の古代人類は一か所に定住することなく、食料を求めて流浪の生活を送っていた。その生活環境上の分布や移動範囲は、狼とモロに被っていたので、どうしても狼との接近遭遇は避けがたいものであった。

狼の骨は各地の古代遺跡から数多く発掘されており、約四〇万年ほど前の前期旧石器時代からすでに、狼と人類は親密な関係にあったと推測されている。

そうして慣れ親しんでいるうちに、狼の中からより人類と親しくなりやすい犬（イエイヌ）が現れ、人類は人類でより犬と親しくなりやすい現生人類（ホモ・サピエンス）が誕生するに至った。どちらも誕生時期の詳細は決定的には判明しておらず、ひょっとすると狼のほうが先に犬となり、後からヒトが現れた可能性もある。どちらにせよ狼と人類とは非常に縁深く、狼から犬が生まれたからこそ、ヒトもまた生まれることができたといっても過言ではないような

のだ。

「犬猿の仲」といわれるように、まだ猿に近かった人類が犬の先祖の狼と出会ってすぐに仲良くなれるとは思えず、やはり最初は群れから迷った子供の狼が人類に育てられているうちに慣れ親しんでいったと考えられている。その逆に、人類の子供が狼に殺されずにさらわれることもあっただろう。

人類に育てられた狼は狩りの重要な戦力となり、狼と行動をともにしていた子供が成人したならば、狼の群れの優秀な「知恵」を担ったりもする。その「知恵」がその後に人類の群れに戻れば強力な混成狩り集団の誕生となっただろう。そうして長い年月が経つうちに狼は「犬」へと変わり、人類は新たなる現代人「ホモ・サピエンス」へと進化を遂げた。いってみれば、我々現代人の祖先は「狼とともに育った狼少年」なのかもしれない。

それを示唆したものなのか、古代ローマの建国神話では双子の建国者であるロームルスとレムスは牝狼に育てられたとされており、イタリア・ローマのカピトリーノ美術館には、牝狼の乳房を吸うロームルスとレムスを描いたローマ時代の像が所蔵されている。同じように、古代ギリシアの哲学者アリストテレスによる『動物誌』では、ギリシア神話のアポローンとアルテミスという双子の神を産んだ女神レートーとは、実は牝狼であるとされている。神といえば日本でも古来から「狼信仰」があり、もともと日本語のオオカミの語源は「大神」からきているのだ。

文明の基礎となった、ヒトと馬との合体革命

こうして、人類はいち早く狼と手を組んで狩猟採集生活を効率化させるようになり、まもなく狼は犬となって、それが現在にまで至っている。その一方で、猫はどうであったのだろう。狩猟採集生活時代の人類とネコ科動物との関係は、生息地によっては同じ獲物を狙っているライバル的な存在であったり、大型猫類ならば獲物として襲われかねない脅威の存在であった。狼のように関わり合って親しくなったり、共闘するような機会はまるでなかったのだ。

動物界唯一無二の知能を発達させた人類は、新石器時代の最終氷期（いわゆる氷河期）の終結で気候が激変した際に、獲物を求めての流浪生活から決めた土地への定住生活へと移行していった。土器づくりを開始し、狩猟採集よりも安全確実な食糧確保手段を実行するまでに至ったのだ。すなわち「牧畜と農耕」である。この「定住」「牧畜」「農耕」を著名な考古学者ゴードン・チャイルドは「新石器革命」（食料生産革命）と名付けている。

まずは革命の第一弾「牧畜」。牛、山羊、羊、猪（豚）など、その土地に生息していた動物を家畜化して計画的に養育管理し、その肉や乳をヒトが生きるための糧として確保したわけだが、この牧畜生活の中で、人類は犬に続いてある動物と重要な関係を築くに至る。それは馬だ。

馬も最初は食肉目的の家畜化からはじまったわけだが、後に一転して犬では為し得なかった

「騎乗」という新たなる手段が編み出された。まさにヒトは馬と「スーパー合体」して新たなる動物としてパワーアップを果たし、縦横無尽に野山を駆けめぐることが可能となったのだ。

そして馬車の発明によって交通手段や労働力としての馬の重要性はさらに高まり、人類の文明を創出する最初の原動力となって、ヒトとともに歴史を刻んだのであった。

かつては人間と合体してともに戦っていた相棒であったわけだから、現代人にも馬と一体化するDNAが受け継がれているはずだ。現代人が競馬にハマって熱狂する理由はたぶんコレだと思う。

そんなわけで、馬の登場で人類の革命が一気に加速したわけだが、この「牧畜」においても猫はまるで圏外、まさに蚊帳(かや)の外であった。

そんな猫が革命の第二弾「農耕」で、なぜか突然結びついてしまうことになる。

ネズミは地球生命維持のための「ガイア装置」

農耕のはじまりについては、今なお発掘調査と研究が継続中であるが、それは今から約一万二〇〇〇〜一万年前頃にメソポタミア南部のシュメールが原点だと、ゴードン・チャイルドはいう。ここら一帯で栄えたのがメソポタミア文明であり、その原動力になったのが革命的な農耕だったというわけだ。

このシュメールとは別に、インドやペルーでも農耕ははじまっており、中国の長江流域の湖南省あたりでは一万年以上前から稲作農耕がはじまっていたことがDNA解析の結果から確認されている。後に日本に伝えられて発展したのは、こちらの稲作であった。

こうして革命的にはじまった農耕は世界各地で盛んになっていき、収穫された穀物は貯蔵されて食糧の安定供給を可能にしたのであった。

ところが、まさに安心したのも束の間、せっかく手間暇かけて収穫した穀物を狙い、ごっそりそのまま盗み取っていくという、狩猟生活時代には想像だにしなかった新たなる天敵が出現してしまったのだ。

その名は、ネズミ！

ネズミは本来は草食動物からスタートしたが、多くの種が雑食化し、地球上のあらゆる土地に勢力を拡大していた。このネズミたちが収穫された穀物を求めて、瞬く間に集まってくるようになってしまったのだ。

ネズミを大代表とするネズミ目（齧歯目（げっしもく））は、現生哺乳類全四三〇〇〜四六〇〇種の約半数に当たる二〇〇〇〜三〇〇〇種を占める、最も繁栄している巨大グループで、ネズミの他にビーバー、リス、プレーリードッグ、ヤマアラシ、カピバラなどが所属している。その最大の特徴は齧歯の名の通り「囓（かじ）る歯」。中央上下一対ずつ計四本の「門歯（もんし）」だ。この門歯が超強力で、なぜか簡単に抜けたり生え替わったりすることなく、一生伸び続けることが宿命付けられている。常に堅い物を齧り続けて研ぎ澄ますことが長さを保つ唯一の方法で、これを怠ると門歯が伸び過ぎて食べられなくなって餓死してしまうという過酷さなのだ。

なぜこんな仕組みを背負わされているのかというと、恐らくネズミは哺乳類の切り込み隊長にして地球生命維持の「ガイア装置」であったからだ。ネズミ目は大部分の種が門歯で地下にトンネルを掘り巡らすという生活スタイルをとっていて、これにより自然に土壌が耕されてしまう。さらには大量の食物摂取にともなって糞量も大量なので、これが天然の肥料となり、生態系における物質循環を速めて土壌の肥沃化をもたらしていたのだ。

ネズミたちが強力な門歯で開墾した土地に、門歯で齧った植物の種子がまき散らされて大木が育ち、やがては森林ができ上がる。他の動物たちがそこで生まれ育つ。

ネズミは俗に「ネズミ算式に増える」といわれる通りの旺盛な繁殖力を有し、食物連鎖の最下層でもある。瞬く間に増大可能なネズミは、恐竜時代のか弱き小さき哺乳類さながらに食われ役をも買って出て、他の新たなる動物たちの安定的な食物源となって栄えさせてゆく。

こうして、超絶巨大隕石衝突による恐竜大絶滅後の荒れ果てた地球を再び緑の星へと刷新し、哺乳類新時代へと生まれ変わらせたガイア装置の初期原動力。それこそが齧歯の力、大群獣ネズミ目なのだ。

農耕が呼び寄せた「怒涛のネズミ被害」

こうして多種多様な動植物が共生しあうことでバランスが保たれていた地球自然生態系環境の中で、ある日突然、人類が「農耕」という食料生産革命を起こしてしまった。人類の目論見は食料を安定的に得たいだけであったのだが、この革命によって生態バランスに狂いが生じ、人類はその後長きにわたって「ネズミ被害」という高い高いツケを支払い続けねばならないこととなってしまったのだ。

本来は堅果類（クリ、クルミなど）を齧ったり、巣穴づくりも兼ねて木を削ったり、地中深く掘り進んだりして過ごしていたネズミにとっては、人間が貯蔵した農作物を食べるだけでは門歯の擦り減らし不足となってしまう。そこでネズミたちは農作物を食い荒らすと同時に、必ず何かその辺にある堅い物を齧っては破壊する。

ネズミに齧られて壁に穴を開けられてしまう、何かをはじめると必ず途中でネズミが出てきて妨害されてしまうという、その後世界各地で長く続き、今現在もなお続いている、脅威の歴史がはじまってしまった。そしてそれは、ペストなどの重篤な伝染病の大流行という、第二、第三の禍（わざわい）の序章でもあったのだ。

太陽よりも、雲よりも、風より壁より強くて恐ろしくてやっかいなもの。それは、壁を齧って簡単に穴を開けてしまうおネズミ様――そんなネズミの出現は、農耕生活をはじめたばかりの人類を大いに悩ませることとなった。収穫物をネズミから守る術をなんとしても編み出さねば、この先の発展は望むべくもない。そこで、例のアレが考案されたのだ。

そう、高床式改め「高床倉庫」に取り付けられるようになった「ネズミ返し」なるスグレものである。

弥生時代生まれで今なお現役の「ネズミ返し」

「高床」とは文字通り床が高い位置につくられた建築様式で、風通しがよく湿気を防げるのが主な長所。地域によっては災害時の大水でも床上は大丈夫という利点もある。そして、高床への柱をのぼってくるネズミの、倉庫内部への侵入を防いでしまうのが「ネズミ返し」だ。その正体は柱の上部に逆傾斜で取り付けられている板のこと。たったそれだけのことでネズミの侵入を防げるとは驚きだが、その効果は抜群で、実は現在でも電柱や高架に取り付けられている。電線や備品が齧られるのを防いで、今なお現役でがんばっている弥生時代生まれの知恵の賜物なのだ。

こんなスグレ物を誰がいつ発明したのか。その詳細は不明だが、高床倉庫は湿気の多い中国南部で発案されて、稲作農法と同じルートで広まったと考えられている。ネズミ返しの付いた高床倉庫はアジア各国やアフリカ、ヨーロッパの一部にも同じようなものがあった。だが、ネズミ返しの傾斜板は、無数にパターンがあるネズミの通り道のうち、高い場所へののぼり道以外には設置できないし効果もない。これだけですべてのネズミの害を防ぐにはほど遠いのだ。

だがここに、今から約一万年前、困難を極めるネズミ問題をズバッと解決する謎のヒーローが、砂漠にほど近い乾燥地帯の中東某所、穀物倉庫の一角に参上したのだ。

そのお方こそが、猫（イエネコ）のプロトタイプ零号機、その名も「リビアヤマネコ」様である。

ネズミを追って大繁栄したリビアヤマネコ

ネコ科の動物が初めてこの地球上に現れたのは約四〇〇〇万年前。そして、大型、中型、様々なネコ科動物が三九〇〇万年以上にわたって進化発展を繰り返し、小型のリビアヤマネコは今から約一三万年前に現れて、中東の砂漠などに生息するようになった。

かねてからこのリビアヤマネコが現在世界中にいる猫（イエネコ）の原種であろうと予想されていたのだが、二〇〇七年に遺伝子の解析によってそれが証明された。イエネコのルーツを明らかにしようと試みたのは、オックスフォード大学野生動物保護研究ユニットと米国立がん研究所のゲノム多様性研究室のメンバーであるC・A・ドリスコル博士。

博士は他三人の研究メンバーとともに、欧州や中東、中央アジア、南アフリカ、中国に生息する野生のヤマネコ各種と、世界中のイエネコの計九七九匹について、母ネコから受け継がれるミトコンドリアDNAの遺伝子を解析した。その結果、いずれのイエネコも他のヤマネコではなく、約一三万年前に中東の砂漠などに生息していたリビアヤマネコが共通の祖先であると判明したのだ。

誕生以来実に一二万年にもわたって、リビアヤマネコは野生の地で狩りをして暮らしていたわけだが、一三万年めに大きな変化が起こった。主な獲物であったと思われるネズミ類の中から、人間が収穫した穀物貯蔵庫を発見した奴がいたのだ。

そのネズミは貯蔵庫の穀物を狙って食い荒らすようになり、付近の壁などを齧りながらネズミ算式に大繁殖することとなった。するとやがてそのネズミをリビアヤマネコが発見。「お、こんなところに大量の獲物が。しめしめ、でかした！」とばかりに、今度はリビアヤマネコが穀物貯蔵庫付近までやってきた、というわけだったのであろう。

リビアヤマネコのネズミ駆除力は強力であった。逆傾斜板のネズミ返し装置は、しょせんネズミの侵入をただ防ぐのみ。リビアヤマネコはネズミそのものを丸ごと片付けてくれるのだ。

しかもネズミのみを捕食して、貯蔵された穀物などの収穫物には一切手を出さないのだから、まさに願ったりかなったり。地域の人々はネズミを「害獣」、リビアヤマネコを「益獣」と位置づけるようになり、積極的に倉庫番の役割を託すこととなったのだ。

やがてこの地域周辺でエジプト王朝が栄える時代になると、リビアヤマネコとの関係性はいよいよ本格的に濃密になってゆく。

人類が発明した農耕という食料生産革命は、皮肉なことにネズミとリビアヤマネコの食料においても大きな革命をもたらしてしまった。そしてこの革命の連鎖が世界中に広がり、新たなる人類の歴史を紡いでゆくこととなるのであった。

猫を海外裏デビューさせた「フェニキアの商人」

古代エジプトの猫は数千年間にわたり太陽神の化身として崇拝され、死後は魂の不滅と来世での復活を願ってミイラ化され、手厚く埋葬されていた。

古代エジプトの公式と定まっている歴史記録では、猫はとにかく徹底的に大切にされ、保護されていたとされる。火事などの時には猫を助け出すことを優先し、万が一にも猫を傷付けたり殺した者は重刑に処せられていた。だからむろんのこと、猫の国外持ち出しなどはもっての外で、厳禁とされていたのだ。

こういった案配なので、リビアヤマネコをルーツとするエジプト発のイエネコは、その誕生から実に三〇〇〇年もの長きにわたり、エジプトのみに生息してエジプトの平和をネズミの魔手から守り、そしてエジプト人に崇拝され愛され続ける、完全エジプト地域限定のローカルヒーローの如き存在であったのだ。

ところが、これに密かに目を付けたのが、地中海東岸のフェニキアの商人であった。彼らは飼い馴らされた猫のアイドル性に加えて、「ネズミ狩り能力」を高く評価。エジプトのローカルヒーローを、ご当地キャラで終わらすのはもったいない、他国へ売り込めば暴利を貪れる、と目論んだのであった。

フェニキアとは地中海東岸のシリアとパレスチナの間、現在のレバノン領域あたりに存在した都市国家であった。フェニキア人は優れた商人で、紀元前一二世紀頃から盛んに海上交易を行っていた。それにともなって、アルファベットなどのオリエント文明を地中海全域に伝えるなど、以後数世紀にもわたって「地中海の影の首領（ドン）」として君臨し続けたのだ。

古代エジプトの猫はフェニキアの商人の手によって、まず古代ローマなど地中海近隣へと伝えられ、そこからアジア、ヨーロッパなど、世界中に旅立っていくこととなったのだ。フェニキアの商人の目論見は見事に的中し、猫はどの国でも驚嘆と称賛の声で歓迎された。その理由は一にも二にも「確実なネズミ駆除能力」であった。

収穫物を根こそぎ食い荒らすネズミは各国共通の悩みのタネだったので、ネズミ問題を見事に解決してくれる猫は、どこの土地でもまさに「収穫の神」そのものだったのだ。こうして猫は高価な取引対象となり、フェニキアの商人は「してやったり！」とほくそ笑みながら、私腹を肥やしたのであった。

「赤レンガ倉庫」は猫の同期生

若くして世を去ったジャーナリスト、大場英樹が一九七九年に著した『環境問題と世界史』（公害対策技術同友会）によれば、文献や遺跡や遺物から古代エジプトを研究する「エジプト学」が、古代エジプトの生活環境の詳細を明らかにしてくれているという。

たとえば、シンポジウムで発表されたロンドン大学のエジプト学者ディクソンの論文の中には、古代エジプト人の住居と当時のネズミと猫の様子がわかる貴重な発言がなされているというのだ。

エジプト第一二王朝時代（紀元前一九九一〜一七八二年頃）の労働者の町カフーン（古代名ヘテプセンウセルト）の家々は、あらゆる部屋の壁にネズミが囓った穴があり、当時の住人たちが石とゴミ屑で穴を塞ごうとした跡も残っている。ナイル川近くのブヘンの町にもいたるところにネズミの穴を見ることができる。我が物顔で走り回っては、壁に穴を開けてしまうネズミに手を焼いた住人たちは、こぞって猫やマングースを飼ったという。

だが、ネズミたちの跳梁跋扈（ちょうりょうばっこ）の前には猫の数が足らなすぎたようで、「猫のいない家では、ネズミに囓られて困る物には猫の臭いをこすりつけると良い」と、エーベルス・パピルス（紀元前一五五〇年頃に書かれた古代エジプト医学の文書）には書き記されているそうである。

この時穴を開けられていた住居は、砂・粘土・藁などを混ぜて日干しにしたアドベレンガなる物でできていた。またの名を日干しレンガ、あるいは泥レンガと呼ばれている。

レンガ（煉瓦）が日本に導入されたのは幕末期に鉄製の大砲を製造する必要に迫られた時からで、高熱で鉄を精錬するための反射炉が耐火煉瓦で建造されたのだ。その後明治から大正にかけて、近代建築の父と称される辰野金吾（たつのきんご）、数多くの官庁建築を手がけた妻木頼黄（つまきよりなか）ら日本の建築家の草分けが、煉瓦造りの大規模建築を大いに栄えさせた。

辰野の設計による日本銀行本店、中央停車場（現東京駅丸の内口駅舎）や、妻木の新港埠頭保税倉庫（現横浜赤レンガ倉庫）など、全国に今も現存する煉瓦造建築のいずれもが「昭和レトロブーム」で注目されて人気が高い。これを「ホントは明治・大正なのに」とツッ込んでいるようではまだ甘い。レンガの歴史はもっともっと、とんでもなく古いのだ。

そのはじまりは紀元前四〇〇〇年頃のメソポタミア文明の産物であり、砂漠地帯という環境下では建築材に適した木材の入手が困難であったから、レンガをつくって積み上げる組積造（そせきぞう）という建築技術が開発されたのだ。

そして古代エジプト人の住居やピラミッド、スフィンクスがレンガの組積造でつくられて後、例によってフェニキアの商人が一儲けを企んで、レンガと組積造の技術を地中海沿岸の近隣諸国に売り込んで回った。そこからヨーロッパ、インド、中国、そして日本へと、ほとんど猫と同じコースをたどって全世界に広がり、今に至っているのだ。

誕生初期の一〇〇〇年間は天日で乾燥させただけの日干しレンガのみであったが、紀元前三〇〇〇年頃から火で焼き固めた焼成レンガが使用されはじめる。レンガの強度と精度は、ひとえに泥粘土の配合具合と乾燥度にかかっている。火で焼くほどにレンガは堅く頑丈になる。恐らくは、ネズミに穴を開けられる被害が余りに多くなって、少しでもネズミに齧られにくいレンガを目指して、工夫と研鑽がなされていたのではなかろうか。

なんのことはない。ネズミが大隕石衝突と恐竜絶滅後の荒れた地球を緑の星に甦らせた初期機動力となって以来、地球のすべては「まずはネズミが齧りまくる」ことで動いている。人間が創り出した高度な「文明」などというのはおこがましい。その後の人類の建造物と文明のすべては、まずはネズミ被害の想定と回避が最重要必要課題の筆頭に掲げられ、「齧られぬように、壊されぬように」とビクビクしながら築き上げられてきたものなのだ。

さて、同じ古代中東生まれの「猫」と「レンガ組積造」。この一見何の共通点もなさそうな両者が、戦後の日本で重要な関係を結ぶことになるのだが、それはまだまだずっと先の話なのだ。

古代エジプトの猫は、今よりもっとデカかった

猫の歴史の中で、最初の古代エジプト時代が猫にとっては二度とない最高に幸福な時代であったという意見がある。たぶんそれは、この後にやってくるヨーロッパ中世における猫大量虐

殺暗黒時代、そして現代のペット事情などとも対比させてのことだと思う。ざっと約二五〇〇年以上もの長い間、数多くの猫たちは、愛され、守られ、崇拝されて過ごしたという驚くべき事実！

なにしろリビアヤマネコを先祖とするイエネコが古代エジプトで生まれてから今現在までで、まだ約五〇〇〇年ちょっとにすぎない。そのうちの半分以上、実に約三〇〇〇年あまりが古代エジプト時代であったのだ。

そんなわけで、古代エジプトで飼い馴らされたリビアヤマネコがいつしかイエネコとなり、全世界へと伝わったというわけなのだが、それでもよくわからないのは、三〇〇〇年間の古代エジプト時代の中で、いったいいつ頃リビアヤマネコからイエネコに変わったのか。そもそも古代エジプト時代のイエネコが、元祖であるリビアヤマネコとどこがどう違うのか、ということである。

絵や彫刻に表現された猫の特徴から推理されたりもしているようだが、どうもよくわからない。古代エジプト人はリビアヤマネコ以外の猫も飼い馴らそうと試みていたという意見もあり、発掘された猫のミイラの中にはリビアヤマネコ以外の猫の骨を詰めたミイラも発見されている。それらとの自然交配の影響もあって、イエネコへと変貌したということなのだろうか？

そんなふうに様々な推論がなされていたのだが、アメリカの科学ライター、スー・ハベル著『猫が小さくなった理由』（東京書籍）によれば、近年の遺伝子工学の研究成果から大量に発掘された猫のミイラ群を調べた結果、リビアヤマネコの家畜化による遺伝的変化のはじまりを突き止めることができたという。リビアヤマネコに少しずつ興味深い変化が起こりはじめるのは紀元前二〇〇〇年頃からで、変化は数世紀にわたって続いている。年を追うごとにどんどん小型化していったというのだ。

出会いの最初の頃にリビアヤマネコを家に連れ帰ろうとした古代エジプト人は、すぐ逃げてしまうような奴より、あまり人間を怖がらない個体を選んでいたはずである。そして扱いやすさの観点から、なるべく小さめなのが選ばれやすかったはずだ。できるだけ綺麗な猫、美しい特有の縞模様だったら最高だ。

「大きさ」「人懐っこさ」「模様」といった特性は、すべて遺伝子の組み合わせによって決まる。こうして選ばれたリビアヤマネコが交配しあい、世代を重ねるたびに、人間の好む遺伝的特質が強化されていった結果、紀元前二世紀半ばには最初のリビアヤマネコとは遺伝的にまったく別の動物・イエネコになっていたというのだ。

猫のミイラの頭蓋を調べた結果では、体全体が小型化したことを考慮しても、脳がそれとは不釣り合いに小さくなっていたという。頭蓋が小さくなれば顎の形も変わり、歯並びも変化してくる。大脳新皮質がリビアヤマネコ時代よりもスベスベしていてシワが少ないということもわかり、音や動きの変化を感じ取る脳の中心部が小さくなったことも判明した。野生時代のように、そこまで細かく気にする必要がなくなったということなのだろう。

中世のヨーロッパ時代の猫の脳はさらに一〇パーセント小さくなって、現在の平均的な猫と同じ大きさになったという。例外はシャムネコで、その脳はさらに五～一〇パーセントも小さいのだとか。どうやら、古代エジプトの猫は今よりだいぶ大きめで、脳のボリュームも一割増量サイズであったらしいのだ。

密輸品から一転、「船の守り神」となった猫

古代エジプトが猫の国外持ち出しを禁じていた時代には、船で海上を行き来していたフェニキアの商人によって、猫は「密輸品」として近隣諸国に売られていたわけだが、時代が進むにつれて船内における猫の状況が一変する。猫はあくまでも商品、もしくは贈答品の一つ、輸送品の一種という認識で船に乗せられていたのだと思われるが、まもなく猫は勝手に船に乗り込むようになり、やがては「船の守り神」と称される存在となってしまうのだ。

なぜそうなったかというと、ネズミが船の積み荷を狙って進入し、あろうことか船内に巣くって甚大な被害をもたらすようになってしまったからだ。そこで、ネズミを追う猫もまた船に乗り込むこととなり、船内のネズミ退治を請け負いながら海上の船旅に同行することとなったのだ。

そうして訪れた停留地で降りたまま、その地に留まる猫がいたり、その地域の別種のヤマネ

コと交雑したりするうちに、それぞれの地域ごとに特徴の異なる「土着猫」が現れてきたのだと考えられている。

猫には狩りの成功率を高めるために備わった数々の特殊能力がある。その一つに有名な「猫の天気予報」があるのだが、これが海上ではとんでもなく重宝であった。「猫が騒げば時化、眠れば好天」といった基本的な天気予報から、「猫は船中で必ず北を向く」といった激しい荒天や遭難時でも方角を示す能力など数々の言い伝えが生まれ、猫は頼りになる「船の守り神」と目されたのであった。

そのせいなのか、船の停船に使う錨を用意することをキャット（Cat）、錨を支える横木・吊錨架のことをキャット・ヘッド（Cat head）、猫が乗りはじめた初期の頃に地中海北部地域で主流だった一本マストの帆船をキャット・ボート（Cat boat）など、航海用語には「Cat」が数多く使われている。

海の猫伝説には他にも、

「甲板にいる船乗りのところに猫が自分から近づいてくれば、幸運が訪れる印」

「船乗りの妻が黒猫を飼うと、船上の主人が無事に帰ってくる」

といった、猫がツキを呼ぶとされたものが多いが、中には、

「猫が船外に落ちると、致命的な嵐が巻き起こる。たとえ何事もなく船が帰還したとしても、その後九年間にわたって不運に付きまとわれる」

という物騒なものもある。これはそれだけ猫が貴重で大切にされ、誤っても船外に落とさないよう戒められていたということだろう。

そんなわけで猫はこの当時から、いわゆる大航海時代を経て、第一次、第二次世界大戦時の戦艦から、戦前、戦後の大型旅客船まで、あらゆる船の守り神、あるいはマスコットとして、実に二〇世紀末に至るまで船に乗り続けていたのであった。

二一世紀に入った現在はさすがに減ったのかもしれないが、それでも猫が乗る船は皆無ではないらしい。

ちなみに、船におけるネズミの被害は実に今現在も変わらずに続いており、現在でも停泊した船の舫綱(もやいづな)にはラットガードというネズミ除けが取り付けられている。実にこれが舫綱を伝ってネズミが進入するのを防ぐという、弥生時代の「ネズミ返し」とまるで同じ理屈と理論なのに驚くとともに、数千年を経ても未だに健在なネズミのしぶとさには舌を巻くのみなのだ。

降ってわいた「魔女狩り」暗黒時代

収穫物を根こそぎ食い荒らすネズミは、各国共通の悩みの種。ネズミ問題を見事に解決してくれる猫は、どの国にとってもまさに「収穫の神」の如き存在であった。そして各国間の交易がますます盛んになるにつれ、「船の守り神」としての役割もますます重要になっていく。

ところが、収穫と海上の神として尊重されていたのとほぼ同じその時期に、神と讃えたその同じ猫の能力をネガティブな方向から捉え、「魔性」「魔物」「妖気」「化け猫」と忌み嫌う風習が各国で現れてきてしまうのだ。哀れ猫は、思わぬ迫害、虐待を受けるような事態ともなってしまった。

中でも最も規模が大きく悲惨極まりなかったのが、かの有名な中世ヨーロッパの「魔女狩り」時代である。一五〜一七世紀の長きにわたって、無数の猫たちが「魔女の手下」「悪魔の使い」とみなされ、魔女とされた猫好きのふつうのお婆さんと一緒に大量に虐殺され続けたのだ。

なぜこういうことが公然と行われていたのか。その実態を今の世の、しかも日本人である私たちが理解するのはとても困難だ。

それは今となっては遠い国の遠い過去における歴史の断片にすぎないのかもしれない。だが、ほとんど誰も知らないのだろうが、この「中世ヨーロッパ魔女狩り時代」の影響がほぼ地球全土に及んでいて、実は今現在もその影響は継続中である。

それは、今も全国のいたるところの「地下」で盛んに活動を続ける、大きくてしぶとい奴らの存在のせいなのだ。

ネズミと猫との大航海時代

さて、そんなふうに地上では猫の排除を繰り返していた中世ヨーロッパ諸国であったのだが、ちょうど同じ時期、海上では船内のネズミ被害防御要員としての猫の需要がますます高まり、盛んに猫を船に乗せては猫の手を借りてネズミ退治に働かせていたという矛盾した現実があった。

イスラム教諸国からの聖地エルサレム奪還を目指した中東への十字軍遠征、中央アジア・中国を行き来したマルコ・ポーロの『東方見聞録』の時代を経て、いわゆる「大航海時代」と呼ばれる本格的な植民地主義的世界進出がいよいよはじまっていたからだ。

アフリカ、インドへと航海したポルトガルのヴァスコ・ダ・ガマ。ヨーロッパ人としては初めてアメリカ大陸を発見したクリストファー・コロンブス。南アメリカ南端の海峡を通過してグァム、フィリピン諸島へと到達し、後にその海峡がマゼラン海峡と呼ばれることとなったフェルディナンド・マゼラン。北アメリカ大陸を発見したイギリス人のジョン・カボット。北アメリカ大西洋岸を探検したイタリア人のジョバンニ・ダ・ヴェラッツァーノ。北米に進出してカナダと名付けたフランス人のジャック・カルティエ。オーストラリア東海岸に到達の後、ハワイ諸島を発見したキャプテン・クック——そのすべてが旅した船には、実は大量のネズミと猫たちが同乗していたということなのだ。

古代エジプト時代以来、猫は船に乗って他国へと渡り、上陸した猫が土着化するなどして世界中に広まっていったわけだが、ここで改めて問題にしたいのは、船に乗っていた猫の数の数倍から数十倍、いやいや、数百倍、数千倍もの規模で、それぞれの土地の土着ネズミが船に侵入しては他国へと渡り、上陸しては異郷の地でまた大繁殖を繰り返していたということなのだ。

そしてここで大きな問題がもう一つ。ここまですべてのネズミをただ「ネズミ」と表記して語ってきたが、英語には一口ですべてのネズミを意味する呼称はなく、きっぱりと二種類に分けられている。日本でいうハツカネズミに代表される小型ネズミのマウス（mouse）と大型のラット（rat）だ。

そして前述のように、船の舫綱に付けられている「ネズミ返し」と同じ構造のネズミ除けの名は「ラットガード」という。そう、問題はこの大型ネズミの「ラット」なのだ！

巨大な街ネズミを産み出した「近代都市」の闇

前出の『猫が小さくなった理由』によれば、ヨーロッパで言語学的に小さいネズミをマウス、大きなネズミをラットと明確に区別するようになったのは、およそ一一〇〇年頃のことだという。そのきっかけは四〇〇～一一〇〇年頃までの間に大型のクマネズミ（英名Black Rat）がヨーロッパに出現するようになったからだそうだ。クマネズミは熱帯アジアの森林地帯が原産であったが、いつしか交易船に潜り込んで地中海沿岸経由でヨーロッパまで渡ってきたのであった。

前述のように猫は人間に飼われるようになって小型化していったが、驚くべきことにネズミは逆に人間社会に入り込んで巨大化しているのだという。田舎暮らしをしている北米南東部原産大型ネズミのモリネズミ（英名Wood Rat）と都市部に住むクマネズミを比較研究した結果、ネズミの大きさと性的成熟の早さは、種類によってではなく得られる食べ物によって決まると判明したそうだ。都市部のネズミは食べ物が豊富にあるので早く大きく成長し、体重が七オンス（約一九八グラム）に達すれば繁殖可能となる。しかも、大きなネズミからはたくさん子が産まれるので、都市ではネズミ算式に大増殖を繰り返すこととなるというのだ。

クマネズミはもともと森林の樹上で生活していたので高所への上り下りが得意。だから港に停泊した船の舫綱を伝って進入するなどお手のものであった。交易船に乗り込んで地中海沿岸の港町まで辿り着いたクマネズミは、倉庫やゴミ捨て場に住み着いてどんどん巨大化し、繁殖力もさらに旺盛となっていった。そこから今度はヨーロッパへ進出することとなったわけだ。

ドイツのケルン、イタリアのヴェネチアやミラノ、イギリスのロンドン、フランドル地方のブリュッセル、スペインのバルセロナ、そしてフランスのパリ……などなど、一〇世紀以降のヨーロッパでは封建領主による城砦都市や、キリスト教会、市場、港湾などを中心とした都市が発達していった。クマネズミはヨーロッパ各国で築かれつつあったその人類初の近代型の都市へと進出し、食料ゴミ豊富な都会の街暮らしの中でさらに巨大化し大繁殖を繰り返していったのであった。

そしてあろうことか、こうした環境下に時同じくして「猫の魔女狩り」が重なってしまったがために、クマネズミの巨大化凶暴化、大繁殖はさらに加速。英国をはじめとするヨーロッパ諸国にいちはやく築かれていった近代都市の真っ只中で、いわゆる田舎のネズミならぬ「街のネズミ」、恐怖の「都市型ネズミ」が誕生してしまったのだ。

そしてこの「中世ヨーロッパ仕込みの量産型巨大クマネズミ」の大群が大航海時代の船に次々と潜り込み、非意図的導入外来生物として世界中に上陸拡散され、それがそのまま現在まで継続されているわけなのだ。

今も世界中の都市で配線やケーブルなどをのぼっては高層ビルに住み着いているというクマネズミ。実にそのほとんどすべては、猫の魔女狩り時代の中世ヨーロッパから渡ってきて以来、綿々と続いてきたその子孫であるという。誰も語ってないけれど、これが真実に違いない。

ドブネズミ来襲は巨大地震の二次災害だった

一二世紀から何百年にもわたって猛威を振るい続けたヨーロッパ各都市のクマネズミであったが、一八世紀に入るやその数を急激に減らす事態に陥った。ちょうどそのちょっと前頃から、魔女狩り騒動がようやく落ち着いて猫の復権がはじまっていたのだが、残念ながら猫たちが一気呵成に活躍してクマネズミを駆逐したという話ではない。クマネズミよりももっと大きく強力で憎々しいネズミの大群が、ヨーロッパに突如としてなだれ込んで移り住んでしまったからだ。

クマネズミより大きく、重く、いっそう攻撃的で繁殖力もさらに強力という、まさにとんでもない奴ら。ヨーロッパで最初に確認された国の名にちなんで名付けられたノルウェーネズミ。学名はラトゥス・ノルウェジクス（Rattus Norvegicus）。日本での通り名は、誰もがご存じのドブネズミだ！

ドブネズミは中央アジア湿地帯の出身で、恐らくはモンゴル原産と考えられている。その最大の特徴は、とにかく湿った場所を好むということ。湿地帯の茂み、水田、河川や湖畔、そして海岸。だから人間の市街地でもドブや地下水路など、水が十分に補給できる場所に出没しやすい。

クマネズミと違って高いところへのぼるのはあまり得意ではないが、その代わりに泳ぐのが上手い。海でもドブ川でも、かなり素早く泳ぎまわれるのだ。

クマネズミの耳は丸く大きく広がっているのに対し、ドブネズミの耳は小さめで寝ていて、耳穴が複雑に入り組んでいる。たぶんこれは耳に水が入りにくくするためなのだろう。ドブネズミのほうが一回り大きな「ずんぐりマッチョ」で、特に腰回りが頑丈そうなのも、水泳選手体型のネズミと考えれば合点がいく。

そんなドブネズミが一八世紀になってヨーロッパに突然現れて、先住者のクマネズミの大半は追い出されてしまったという。

追い出されてどこへ行ったのか。舫綱をのぼって船内へと逃げ、大航海時代の外国へと侵入したクマネズミは、その分だけ増えていたはずなのだ。

その頃は「猫の魔女狩り」もすっかり沈静化して、ネズミ退治要員としての猫は本格的な復権を果たしていた。だが、巨大ネズミ・ラットの勢いは凄まじく、それからまもなく時間差攻撃で、今度はドブネズミの外国流出までもがはじまってしまうのだ。

特に新大陸アメリカへは、入植の移民船に乗って一緒に入植を繰り返していたらしい。ドブネズミの侵入によって、ネイティブアメリカンの時代には決して存在しなかった幾多の感染症が持ち込まれてしまったという。ネズミや猫とともに、ヨーロッパ発の都市型文明の闇の部分までもが拡散されてしまったのだ。

しかし、なぜこの時期に、クマネズミが占拠していた一八世紀のヨーロッパに突然ドブネズミが割り込んできたのだろうか?

驚くべきことに、これが実に大地震のせいであったらしいのだ。一七二七年、カスピ海（中央アジアと東ヨーロッパの境界にある塩湖）沿岸で大地震が発生し、その湿地帯に数多く生息していたドブネズミが食料難に陥ってしまった。そこで泳ぎが得意なドブネズミは大群獣となってヴォルガ川を渡り、食料ゴミ豊富なヨーロッパ近代都市へと一気になだれ込んだのであった。

これがドブネズミが突然ヨーロッパに現れてしまった理由だ。この時の大地震によって発生したドブネズミがヨーロッパ全土にまで到達してしまい、それによってクマネズミが追い出されて、果てにはドブネズミまでもが世界中に広がってしまった。

つまりは、その後の疫病、感染症の流行も含め、ありとあらゆる世界中のクマネズミ・ドブネズミ被害のすべてが、実はこの時の大地震の二次災害、三次災害であったということにもなるわけで、人類の命運を最も大きく左右した震災とは、実はこの「一七二七年カスピ海沿岸ドブネズミ大移動大震災」であった、ということになるのではなかろうか。

古代エジプトにも「ネズミを捕らない猫」がいた

このように、都会型のクマネズミ、ドブネズミの拡散拡大によって、ネズミ退治請負人としての猫への期待が世界中でますます高まっていったわけであったが、『猫が小さくなった理由』のスー・ハベルは、「残念ながらそれは過大評価」と述べている。

ジョンズ・ホプキンス大学の感染症の研究者、ジェームズ・E・チャイルズがネズミを捕食する猫を調査したところ、生ゴミが多い地域にはネズミも猫も多いが、猫はネズミをほとんど食べずに、なんと一緒になってゴミを漁って食べている。食べずともネズミを殺した猫は一〇〇〇時間の観察で五回だけであったという。生ゴミの少ない地域では確かに猫はもっと数多くのネズミを殺していたが、この時に判明したのが前述の都市のネズミの法則。すなわち、ネズミの大きさと性的成熟は、得られる食べ物の量によって決まるということ。

つまりは、生ゴミの多い地域のネズミは明らかに大きく、猫が殺せていたのは小さめの田舎のネズミばかり、しかもいずれも小さな子ネズミばかりだったというのだ。

定期的なゴミの収集も、きちんと蓋の閉まるゴミ容器もなかった中世の都市は、ネズミが大きくなるには申し分ない環境であったはずで、実はこの時すでに猫とネズミが仲良く残飯を漁る光景が見られたのではないか。リビアヤマネコはイエネコへと変じてから小さくなり、中世にはさらに小さくなっていた。ネズミは大きくなった。

穀物倉庫の守り神と呼ばれた頃の初期のイエネコが捕まえていたのは、自分たちよりももっと小さいネズミであったはずで、現在の大人のネズミは大きすぎてもう猫には手に負えなくなっている。その徴候はすでに中世ヨーロッパの時代からあったのではないか。ハベルは、そう述べているのだ。

これは確かにそうなのかもしれない。あるいは、古代エジプト時代にしてすでにはじまっていたようにも思われる。

ミアキス直系のネコ科動物としての猫の本来の力量からすれば、場合によっては自分の二、三倍の大きさの獲物を仕留めることも十分に可能なはずである。だがそれには自然本来の環境での習練が要る。猫の狩りは母猫が子猫に入念に教え込んで訓練を重ねるもので、それが十分でないと実践では大きく差が出てくる。

だから本当は、古代エジプト時代でもネズミ捕りが下手な猫もいたはずなのだ。時には神殿に供えられた地中海の魚を奪っては砂漠を逃げ去っていく猫もいたのかもしれない。そんな猫を見たならば、古代エジプトの人々は「奇行種だ！」と叫んだのだろうか。

そんな猫が我が国においても現れ、瞬く間に猫の「主流」となってしまうのだ。「ドラ猫」と呼ばれながら。

平安京の貴族はなぜ猫を繋いだのか

「日本猫」のルーツは何か

さて、ここからはいよいよ、我が国「日本の猫」の出番である。日本の猫はいかにしてドラ猫となったのか。この大問題を順を追ってじっくりと深堀りしていきたい。

そもそも、日本にはいつから猫がいたのだろうか？

大筋では古代エジプトからインドに流れた猫が、さらに中国へと渡り、奈良時代（七一〇～七九四年）に仏教の経典をネズミから守るために遣唐使が大陸から持ち帰ったのだろうと考えられている。いわば仏典のオマケに猫が付いてきちゃったというわけだ。

だが、それ以前の年代の猫の骨が日本各地から出土しているという事実がある。それらの大半はヤマネコと見られているのだが、二〇〇八年に長崎県壱岐市（壱岐島）のカラカミ遺跡から見つかった骨は、弥生時代のイエネコのものだと発表された。奈良時代という通説からおよそ八〇〇年遡ったわけだが、このカラカミ遺跡の猫とその後の日本猫との遺伝的な繋がりは未だ不明のようである。

日本の猫は中国から渡ってきたものが多いのはもう確定的なのだが、五三〇〇年前の古代中国の農村があった場所からはイエネコ発祥の直接的な証拠となりうるような、人間の村で人間と共存しながらネズミを捕って食していたイエネコの骨が発見されている。

この猫とエジプト方面のリビアヤマネコとの関連は不明なのだが、地域的に考えれば日本猫の祖先である可能性はこちらのほうが高そうに思える。日本猫を含めた東洋の猫の先祖はエジプトからヨーロッパへ渡ったリビアヤマネコとは別系統で、中近東からインド、東南アジアにかけて広く生息していたジャングルキャットが有力とする説があるのだが、この猫がジャングルキャットから変身した初期の東洋系イエネコであったのだろうか。

前述のように、近年の遺伝子研究から世界に六億匹存在するイエネコのほとんどは、約一三万年前に中東の砂漠などに生息していたリビアヤマネコを共通の祖先とすることが確定している。では「東洋のイエネコは別系統のジャングルキャット起源説」は完全に間違いなのかというと、これがどうもそうでもないらしい。

二〇一五年二月、京都大学の宮沢孝幸准教授の研究チームは、生物に感染する「レトロウイルス」を調べることで猫の系統を明らかにする手法を開発したと発表した。

その研究結果によれば、約一万年前に中東で家畜化された猫と同じレトロウイルスを、ヨーロピアンショートヘアなど欧州では平均で四〇パーセント、北米では約五五パーセントの猫が持っていたのに対し、三毛猫などアジアの猫は約四パーセントと著しく低く、同じ遺伝子を持った中東のリビアヤマネコが共通の先祖であっても、系統の違う猫が混ざり合って各地で別々に広まっていったことが、これで裏付けられたというのだ。見た目や性格の違いなど、各地それぞれの猫がこれまでどのように変化してきたのか、その足跡が解明できるそうなので、今後の研究成果に大いに期待したいところだ。

愛猫ブログの元祖『寛平御記（宇多天皇御記）』

日本の文献に猫が現れてくるのは平安時代になってからである。ネズミは奈良時代の古典『古事記』に早々と登場して大国主命を助けたりしているのに、猫は『古事記』にも『日本書紀』にも『万葉集』にもまったく出てこない。ようやく猫が姿を見せるのは、平安時代の初期に書かれた『日本国現報善悪霊異記』、通称『日本霊異記』である。

だがこれが、いちおう猫は登場しているものの、当時の実在の猫を書いたものとは受け取りがたい特殊な文献なのだ。というのも、これは景戒という奈良時代の薬師寺の僧が仏教を民衆に伝えるために編纂した日本最古の仏教説話集であるからだ。

この『日本霊異記』から約七〇年後、今度こそ本物のリアルを生きた猫についての記述が残された。それが第五九代宇多天皇が漢文で記した『寛平御記（宇多天皇御記）』である。寛平元（八八九）年旧暦二月六日の項には、身近でともに暮らしている黒猫への想いが切々と描かれているのだ。内容はこんな感じ。

うちの黒猫は元々は父である先帝・光孝天皇に献上されたもの。当時は浅黒い灰黒色の猫ばかりであったが、この猫は墨のように見事に真黒で麗しい。長さは一尺五寸（約四五センチ）、高さは六寸（約一八センチ）ほどで、うずくまると黒黍（くろきび）の粒のように小さくなるが、伸びると弓を張ったように長くなる。寝姿はしっかりと丸まって足も尾も見えず、まるで堀の中の黒い宝玉のようだ。歩く姿はひっそりと微塵も音を立てず、まるで雲の上を行く黒い竜の如くである。

その性質は導引術の呼吸法を好み、自然に五禽戯（ごきんぎ）（虎、鹿、熊、猿、鳥の動きを真似る太極拳・気功法）を体得している。常に頭を低くして尾を地面に着ける姿勢をとっているが、背中を伸ばせば二尺（約六〇センチ）ばかりにもなる。このような功法を身に着けているから毛色が美しいのであろうか。さらには夜にネズミを捕える技は他の猫よりはるかに優れている。

先帝が数日可愛がった後に私が貰い受けてから、かれこれもう五年になるが、今も私は毎朝乳粥を与えて可愛がっている。それは、この猫が優れているから愛しているというのではない。先帝から賜ったものであるから、どんな小さいものでも大切にする、ただそれだけのことなのである。

猫にこういってみた。

「おまえは天地陰陽の気を含む万全の心身を備えているのだから、私のこの心もすべてお見通しなのだろうね」

すると猫は溜息まじりに私をじっと見上げ、なんだか胸いっぱいのような様子であったのだけど、その心の内を言葉で話すことはできないのであった。

ただこれだけの内容なのだが、実に生き生きと猫の様子と天皇の溺愛っぷりが伝わってきて、それなのになんだか言い訳がましいところが今どきの猫好きとも相通じていて、なんとも微笑ましい。まさに「猫ブログ」の元祖のようではないか。

一条天皇の側近に仕えた「殿上猫」

宇多天皇の猫日記から一一〇年余り後に在位したのが第六六代一条天皇である。

この一条天皇がまた並外れた猫好きで、長保元（九九九）年九月一九日に宮中で子猫が生まれた際には、当時の平安貴族の出産で執り行われていた一連の「産養い（うぶやしない）」の儀式を行い、猫のお守り役として女官を任命したほどであった。

しかも、猫を貴族階級の称号である五位の位につけ、「命婦（みょうぶ）のおとど」という貴婦人のような名前を付けた。天皇側近に仕える資格のある四位、五位の貴族を殿上人（てんじょうびと）といったので、命婦のおとどは「殿上猫」というわけだ。

他にも当時の宮中ではたくさんの猫が飼われていた。猫たちは赤い首輪に白い札を付け、紐にじゃれついたりしている姿は何やら艶めかしくもあったという。

この話を伝えているのは一条天皇本人ではなく、『枕草子』と『小右記(おうき)』だ。『枕草子』の作者といえばもちろん、一条天皇の皇后である藤原定子(ふじわらのていし)に仕えていた清少納言。『小右記』は当時の貴族である公卿の藤原実資(ふじわらのさねすけ)の日記である。

宇多天皇の黒猫がもともと先帝の光孝天皇に献上された猫であったことからもわかるように、宇多天皇や一条天皇クラスの溺愛までには及ばずとも、平安時代の皇族・貴族階級では猫を飼うのが珍しいことではなかったようだ。

一条天皇の先帝である第六五代花山(かざん)天皇は、後に第六七代三条天皇の皇太后となる藤原超子(ふじわらのちょうし)に猫を贈り、こんな御製(ぎょせい)（天皇が詠んだ和歌）を詠んでいる。

敷島の大和にはあらぬ唐猫の君がためにぞもとめ出でたる
（日本の猫ではない舶来の唐猫をあなたのために探し出したのです）

何やらこの二人の関係が気になってしまうような御製だが、それはともかく、わざわざ「大和にはあらぬ唐猫」と詠んでいるからには、当時は舶来ではない在来の和猫がいた証拠と推測されているのだ。

平安文学に見る「猫の繋がれシーン」

『枕草子』に続き、平安時代中期となると『源氏物語』や『更級日記』などにも猫のエピソードが現れてきて、貴族階級で猫が珍重に敬われていた様子がいろいろと描かれている。この当時の大きな特徴といえるのは、どうやら猫は今でいう「室内飼い」に近い状態で、逃げないように綱に繋がれていることが頻繁であったらしいということだ。

『源氏物語』（若菜の巻）には、平安貴族の飼い猫が綱に繋がれていたことを明確に印象付ける、ある有名なシーンがある。

光源氏の二番目の正妻・女三の宮は、自分の部屋で唐猫を可愛がっているのだが、この唐猫はまだ幼くて人にも懐かないため、部屋から逃げ出して迷わないようにと綱で繋いである。ある時この幼い唐猫が部屋へ忍び込んできた大きな猫に追われて走り回ると、綱が御簾（ドア代わりに間切りした部屋の出入り口をブラインドカーテンのように覆い隠していた緑色の布の縁取りなどをした簾）に絡まって、するすると御簾が引き上げられ、外から中が丸見えの状態になってしまった。ちょうどその時に庭で退屈しのぎの蹴鞠を楽しんでいたのが若い公達の柏木であった。柏木は引き上げられた御簾のその奥に立っていた袿姿の女三の宮を偶然にも目撃してしまい、恋心を燃え上がらせてしまった。

綱を絡ませ逃げ出したその唐猫を抱き上げると、女三の宮の移り香がたいそう芳しく香って、思わずクラッとしてしまう柏木。「女三の宮を自分の物にできぬのなら、せめて猫でも」と、なぜかあらぬ方向へと妄想を膨らませる。策略を巡らせてついには猫を手に入れてしまい、どっぷりと猫への愛に溺れてゆくこととなるのであった。

そしてここから濃厚なドラマが絢爛豪華に繰り広げられてゆくのだが、そこには目を瞑(つむ)って猫の綱の一件に注目しておいてほしい。作者の紫式部から「そこかよ！」と突っ込まれるかもしれないが……。

もう一遍、この時代の猫の飼い方をそれとなく知ることができると話題なのが、菅原孝標女(すがわらたかすえのむすめ)が一〇歳頃から五〇歳頃までの人生を回想して記したことで有名な『更級日記』だ。その一節に、まだ幼き日の忘れられぬ猫との想い出が綴られている。

ある日、どこかの貴族家から迷ってきたらしい美しい猫を、姉と二人でこっそりと人に知れないように部屋に隠しながら飼いはじめるのだが、翌年、家の火事であっさりと焼け死んでしまい、姉妹はどうにもやるせない悲しみの涙にくれる。

あまりに唐突にあっさりと亡くなってしまったので、この猫は繋がれていたために逃げ遅れて焼け死んだに違いないと推理されているのだ。

ちなみに、この件の一番重要なテーマは、猫が並外れて優雅で上品であったということ。なぜならばこの猫の正体は、先に亡くなった侍従の大納言藤原行成の娘の化身。生まれ変わった大納言の姫君そのひとなのであった。そこに目を瞑り、「繋がれていたから焼け死んだ」の部分ばかりを取り上げると、菅原孝標女もまた「そこかよ!」と突っ込みたくなるに違いない。

平安時代の猫は、気軽に手軽に繋がれた

この時代の貴族たちはどうしてわざわざ猫を繋いだのだろうか?

「平安時代の猫は貴重な愛玩動物であったため、高貴な貴族にしか飼えなかった」

「貴重な猫が迷っていなくなったり、盗まれたりしないように、平安貴族たちは猫を繋いで室内で大切に育てていた」

一般的にはだいたいこのように説明されている。これは確かにその通りなのだろうが、本当に理由はそれだけだったのだろうか?

猫を外に出さないとなると、たとえばトイレの問題、さらに繁殖期の対処など、いろいろと面倒なことも起こりうる。平安時代のそういった具体的な飼育方法はほとんど記録が残されていないようなのだが、室内で繋いでいたとなれば話はさらにやっかいになる。それをあえて繋

いでいたのは、もっと他に切実な事情があったからではないだろうか？

最近のネット上の記事などには、

「平安時代から江戸時代前の御触れが出される前までは、飼い猫のすべてが綱に繋がれた完全室内飼いであった」

というような書き方が見受けられるが、これは誤りである。説話や民話の形で自由に振る舞いながら人間との情の交流が伝えられている例も多く、室町時代になると数多くの禅僧たちが、自由気ままに振る舞う寺住まいの猫の様子を詩句に詠んで残しているからだ。

そもそも昔の日本の家屋では「完全室内飼い」というような気密性の高い隔離された空間を望んでも不可能だ。猫ならば縁の下でも屋根裏でも、最悪「厠（かわや）」からでも外へ脱けられる。だから逆にいえば、猫を外に出したくなかったら綱や紐でしばって繋ぎ止める以外に方法がなかったというわけなのだ。

今の住宅だったら猫を繋ぐといっても、ドアノブでは外れやすいだろうし、テーブルの脚あたりが最も適当だろうか。そうでなければわざわざ繋ぐための装置を設置しなければ難しそうであるが、その点昔の家屋ではどこにでも柱が露出しているから、繋ぎ場所は自由自在だ。

猫は一日中繋がれっぱなしでいたわけではなく、時と場合に応じて気軽に繋いだり外したりしていたと思われる。紐か綱さえあれば、いつでもどこでも猫を繋ぎ止めることができる。あらかじめ猫に首輪を付けずとも、紐の片方を猫の首でくるりと結んで「ひょひょい」と結び、もう片方を手近な柱などに「ひょい」と結ぶだけでよい。

たとえば『今昔物語集』（一二世紀前半成立）には、猫をとても怖がる藤原清廉（ふじわらのきよかど）が年貢の税米を滞納していた際、五匹もの大きな猫と一緒に部屋に入れられて恐れおののき、いったん引き離した猫たちを外の井戸のあたりに繋いでから「年貢を納めねば再び猫と一緒に閉じ込めてしまうぞ」と脅されて、泣く泣く年貢を納めたという「猫恐（ねこおじ）の大夫（たいふ）」という話がある。

猫のこんな使い方と繋ぎ方もあったということで、猫を繋ぐという行為が気軽に手軽に行われていたと見て取れるのだ。

猫綱＝人のいうことを聞かない強情っぱり

平安時代の猫たちは「ひょい」と手軽に柱などに繋がれていたようだが、幼い猫が長い綱を引っかけて御簾を上まで持ち上げてしまったという『源氏物語』の状況は、柱側の結びが解けやすかったせいであろう。また、柱か何かに結び着けるのではなく、綱の先に重石の碇（いかり）を着けて放置するという方法もあったらしい。

清少納言の『枕草子』に、

「とても可愛らしき猫が、赤い綱に白い札をつけ、その碇のついた紐や長い紐などをつけて、それを引っぱりまわす様が、おもしろく優雅だ」

という ような描写がある。

時代が下って室町時代に成立した『鼠の草紙』という絵巻には、尼に長い綱の先を持たれてぐいぐい引っ張られ、それを這いつくばって首だけ伸ばして全力で抗う猫が描かれている。同じ絵の画面の隅には、縁の下に潜り込んだ猫の綱を子供が上に引っ張り上げていて、こちらの猫も地べたで踏ん張って全身で抵抗している。

このように重石があるかないかは別として、「ひょい」と外した長い綱は着けっぱなしにしておいて、何かの折にはすかさず綱を掴んでぐいっと引っ張る。そんな方法が、たぶんしょっちゅう行われていたと思われるのだ。綱をぐいぐい引っ張って猫を思い通りに従わせようとするわけだろうが、そんなことで猫がいうことを聞くわけがない。まずたいがいは「やだよう」と不機嫌極まりない顔をして抗うだけだろう。

そこから生まれたらしい「猫綱」という言葉があり、「強情っぱり」「他人のいうことを聞かない、従わない」ことを意味して、江戸初期の俳諧集で使われているというのだ。

こんなふうに平安から江戸時代にかけて、気軽に手軽に「猫綱」が行われ続けたようだが、やはり現代の室内飼いとはだいぶ勝手が違うようなのだ。

何を危惧して「猫を繋ぐ」のか

猫を愛する平安貴族たちは、いかなる時に「猫綱」を用いたのか?

先の『源氏物語』（若菜の巻）で幼き唐猫が綱を引っかけて御簾を持ち上げてしまったシーンでは、「猫はまだよく人に懐いていないだろうか、綱をとても長くつけていて」とある。よそから貰われてきたばかりの子猫であったということか。そんな時に猫を繋ぐというなら非常に納得できる。

我が家でも、実際にかつてチャウという子猫を妹が拾ってきた際に、馴れるまでは首輪に紐を付けて繋いでいた。他にも引っ越したばかりの時に繋いでいたとか、様々な場面で猫を繋いだことがあったことを、母や祖母から伝え聞いている。

猫を繋ぐということは、猫を自由に行動させた時に何らかの不都合が生じることを危惧しているということであるはずだ。

それではどんな不都合が危惧されるのか?

最近の風潮で「完全室内飼い」が推奨される理由は、第一に「交通事故で命を落とすリスクの増大」、続いて「危険な病原菌に感染するリスクの増大」など、事故や病気のリスクが大きい。外に出ない猫のほうが確実に健康で長生きできることがデータ化されている。そしてもう一方の危惧は、何といっても「近隣住民とのトラブル問題」だ。

猫が外に自由に出入りしていると生じてくる不都合には、「猫が外からやっかいなモノを持ち込んでくる」という問題もある。いわゆる「猫の迷惑なおみやげ問題」だ。

外に自由気ままに出入りしている飼い猫というものは、時としてネズミや鳥などの獲物を狩っては、家の中の飼い主まで届ける。有難迷惑極まりない、猫がくれる困ったおみやげなのだ。おみやげというよりは、猫によっては飼い主に見せびらかしているようでもある。

どうして猫はこんなことをするのかというと、ネコ科動物たちはもともと狩った獲物は自分の巣まで持ち帰って、あらためて落ち着いて食する習性であったからだ。また、母猫は子猫が待つ巣まで獲物を持ち帰り、子猫たちに食べ方の手本を見せながら与える。

『裸のサル』で高名な動物学者のデズモンド・モリスは、この子猫に獲物を与える行動が形を変えて、飼い主を無能なハンターとみなして獲物のおみやげを届けているのだという。だからそんな時は慌てふためいて叱ったりせず、母親としての寛大さを褒めてやり、やさしく撫でながら感謝して獲物を受け取り、あとでそっと処分するのが正しい対処の仕方だというのだ。

かつての我が家でも、困ったおみやげが次々と届けられて辟易したことがあった。生殺しの元気なネズミをくわえてきて部屋で放したり、放した小鳥が部屋の中を飛び回って、実に大変であった。

先のチャウが成長しつつあった頃、初めてのおみやげとして庭からコオロギを捕まえてきた。その当時、前述のモリス説を知っていた私の親父は「ありがとうよ」と褒めてやってコオロギを受け取ったのだが、それで気を良くしたチャウはすかさず再び庭へと飛んで出て、すぐさまコオロギの「おかわり」を持ってきてしまったのだ。ちょうどコオロギが大量発生している時期だったので、二度三度と繰り返すうちに部屋中をコオロギがピョンピョン飛びまくる有様となってしまった。これには流石(さすが)に呆れ果て、コオロギの時期が収まるまで、しばらくチャウを紐に繋いだことがあった。

記憶をたどれば昭和五八(一九八三)年のまだ残暑厳しい九月初旬頃の出来事だ。当時の我が家はチャウを含めた五匹の飼い猫がいて、暑い季節には開け放した玄関や各所の窓から、猫たちは勝手気ままに出入り自由であったのだ。昭和の時代の飼い猫なら、どこも似たり寄ったりであっただろう。

さて、京に住まう平安時代の猫たちは、内裏から外に出たなら、どんな不都合が待っていたというのだろうか。

平安貴族にあった「食入」の恐怖

「貴重な愛玩動物として」だとか、「高級な唐猫なのだから、どこかに逃げてしまわないように繋いだ」という、一般的にいわれているような理由ではあまりに表面的にすぎると納得できなかった私は、たいした期待もないままにネットの検索サーフィンを試みてみた。

もちろん「貴重だったから」という記事が圧倒的に多かったわけだが、あきらめずに検索ワードに工夫を加えているうちに、ビックリするような新情報に突然ぶち当たった。そのブログには、私がこれまでまったく知らなかった平安時代のある事件が、これも初めて見る不気味な絵とともに紹介されていた。

それは数頭の犬とカラスが、放置された腐乱死体を貪り食い、そのすぐ左上にはすでに食い終わったとおぼしき鳶（とび）が飛び立っているという強烈な絵。後で知ったところでは、鎌倉末期に描かれた「九相詩絵巻」という仏教絵巻の中の有名な一枚なのであった。

ブログに紹介されていた衝撃的な事件とは、平安時代の内裏や貴族の邸宅でしばしば巻き起こっていたという「食入（くいいれ）」（咋い入れ（くいいれ））という事件だ。

食入は、平安京の内裏や貴族の邸宅の敷地内に、死体もしくは死体の一部を犬や鳶がくわえて運び込んでしまうこと。なぜそんな事件が記録されているのかというと、その当時は「穢（けが）れ」という観念が何よりも重んじられていたからだ。

死は伝染するものと考えられ、恐怖の対象だった。邸内で死体が発見された場合、その家の人は「触穢（しょくえ）（穢れに触れた）」と見なされ、一定期間の神事や参内を慎まなければならなかった。死体丸ごとなら三〇日、死体の一部なら七日、一切の神事への関わりを禁じられてしまうというのだ。

当時は丁重に埋葬されるのは貴族皇族の成人に限られ、貴族皇族の子供および一般庶民層は、ただ死体をそのまま放置するだけで、あとは自然に朽ち果てるに任せる「風葬」であった。決められた「風葬地」という場所が一応あるのだが、平安時代の庶民の間では風葬地に運ぶ人手がない死体は、家の中や道端にそのまま放置されるのがごく当たり前だったというのだ。

そして平安時代の京にはおびただしい数の野犬がそこかしこに群れをなしていて、放置された死体を食い漁っては「自然還元処理係」を務めていたというわけなのだ。

ひょっとすると、いや恐らく、これが猫を繋いだ最大の理由だったのではないか。何かの間違いで、内裏の中におみやげでも運び込まれたらたまらない。穢れに触れては不都合だから、京の内裏で飼われていた猫たちは繋がれていたと思われるのだ。

猫を愛した「悪左府」藤原頼長

さらに調べてみたが、「食入」の問題に関わっていたと名前が挙げられているのは、どれも犬、鳶、カラスのみであり、猫が「五体不具穢（ごたいふぐえ）」（獣類に襲われ体の一部を失ったまま死に至る）などの「死穢（しえ）」を巻き起こした具体的な実例は何一つ出てこなかった。

中世の葬送についての研究者として著名な勝田至の著書『死者たちの中世』（吉川弘文館）の巻末には、一三ページにも及ぶ「中世京都死体遺棄年表（一一・一三世紀）」が記載されている。この時代の貴族が記した日記などの記録の中から「死体遺棄についての記録」だけを抜き出したという凄まじい労作なのだが、ここにも猫という文字はまったく記録されていない。ここに記載されている全部で一六七の案件のうち、犬が関わって穢れを起こしたと明記されているのは九件、鳶とカラスが一件ずつ、残り一五〇件余りのほとんどは原因が書かれていない「五体不虞穢」「死穢」が生じた件か、「穢物」（体の一部や肉片、骨など）が発見されたなどの件なので、猫が関わった案件が含まれている可能性も否定はできないのだ。

たとえば『台記（たいき）』に記されていたという、この件などはどうなのだろう？

「一一四五　久安元　三月一七日、四条殿の天井に死人があったという」

四条宮を「殿」と誤っているようだし、詳細を把握せぬまま伝え聞いたものを書き留めたと思われるが、わざわざ天井までのぼって死んでいたという状況は不自然で、これが仮に死体の一部があった「五体不虞穢」であったとしても、犬の仕業ではありえないだろう。

ちなみに『台記』を記したのは、良くも悪くも真一直線で妥協を許さぬ性格から「悪左府（あくさふ）」の異名で知られた公卿・藤原頼長。実は猫を愛した平安王朝人の一人でもあるのだ。

頼長が数え二三歳であった康治元（一一四二）年八月六日の『台記』には、一〇歳で亡くなった頼長の愛猫を櫃に入れて埋葬したと記されていて、これが猫を丁重に葬った最古の記録とされている。この猫は子猫時代の病気で生死をさまよったが、頼長が「早く猫を治してください。そして一〇年の寿命をお与えください」と千手観音の像を描いて祈ったところ、猫は無事に平癒（へいゆ）して、それから本当に一〇歳まで生きて亡くなった。まことに観音様の霊験あらたかであったことを知ったと、頼長は語っているのだ。

この当時で一〇歳まで生きられたなら、たぶん最長寿の領域であったのではないか。頼長は数え一三歳からの一〇年間を、この猫とともに生きたということになる。一四の時に二二の相手と最初の結婚をして、後にその妻の実の弟と男色関係に陥ったりもするらしい。深くて濃い人生の一〇年間、頼長の傍らにはいつもこの猫が一緒であったということなのだ。

ということで、話としては今の愛猫家でも思わず共感の涙腺が緩むようなストーリーなのだが……。

その三年後の久安元（一一四五）年三月一七日、藤原頼長はふと「天井に死人があったという」と『台記』に書いたりもしているわけなのだ。その犯人は……。

実は栄養失調で短命だった平安京の貴族

平岩米吉の著書『猫の歴史と奇話』（池田書店）の中で、『更級日記』の一文を紹介しているこんな表現が目に留まった。

「早速、〔菅原孝標女の〕姉の提案で人に知れないように隠して家におくことにした。この猫はたいへん上品で、不潔なところには行かず、よく馴れて、姉妹のそばにばかりいた（角カッコ内筆者）」

この部分の原文はこうなっていた。

「すべて下衆のあたりにも寄らず、つと前にのみありて」

「下衆のあたり」を「不潔なところ」と意訳したようであるが、「下衆」は「①身分の低い者。卑しい者。②使用人。下僕」という意味があり、「まったく使用人の傍らなどには近寄らず、じっと私たちの前ばかりにいて」というような現代語訳が多いようだ。病気になったら死ぬ前に門の外に出されてしまう使用人か。

そしてこの先にはこんなことも書かれていた。

「物もきたなげなるは、ほかざまに顔をむけて食はず」（物も汚げなのは、よそに顔をそむけて食べない）

猫は気に入らない食べ物を前にすると「こんなのいらん！」といわんばかりに、プイと憎たらしくそっぽ向くものだが、このリアクションは平安時代から観察されていたのか！

いや、注目すべきはそこじゃない。「物もきたなげなるは」とは何だろう。

この部分は「使用人の食べ残し」などと解釈されたりしているようだが、ここで私は、犬が食い荒らした後の現場から、得体の知れぬ肉片を引きずり出している猫の姿を思い浮かべてしまったのだ。

一方、『更級日記』に登場の菅原孝標女の姉妹に愛された猫が、ふだん何を食していたかは残念ながら明記されていない。平安貴族たちに大切にされていた王朝猫の食生活はどんなものであったのか。それについてはどこにも記録がないのか、具体的なメニューは何一つ伝わっておらず、唯一の例外が初っ端に登場した宇多天皇が子猫に与えていたという「乳粥」なのだ。『鈴の音が聞こえる〜猫の古典文学誌』（田中貴子著、淡交社）によれば、乳粥とは宮中の薬所から運ばれてくる牛乳を使ったということで、本来は人間の薬とされていた貴重な乳なのだそうである。

平安京の王朝貴族たちは、全国から貢物や税として収められる特産品などで当時としては破格に豊富な食材を食していたのだが、その内容は極めて質素なものであった。

主食は強飯（こわいい）と呼ばれる蒸したうるち米のてんこ盛りと、おかずは各種山菜や魚介類が中心で、ほとんどが干物、乾物ばかり。干した雉肉が食膳に上がることもあったが、奈良時代からはじまった食肉禁忌が仏教や陰陽道を取り入れたことでさらに強まっていた。

特に「六畜の穢れ」の中の「五畜の肉」。かねてより鶏が除外されたのにともなって鳥類全般が穢れとされなくなったので、雉肉などは食されていたが、残る馬・牛・羊・犬・豕（いのこ、ぶた）を食すと不浄期間は三日と規定された強い「穢れ」とされていたので、通常まず食することはなかったのだ。

こんな案配なので人間に必要な栄養バランスが極めて悪く、栄養失調が原因で病気から死に至ったケースも多かったらしい。平安時代中期の貴族の推定平均寿命は、男性が五〇歳、女性が四〇歳だそうである。

だから仮に、当時の猫の食事が貴族の食事のおすそわけを貰って一緒に食べるだけだとしたら、肉食動物界トップを誇る猫としては深刻な動物性タンパク質不足であったはずだ。

やはりこの頃の猫も、普通にネズミを捕って食べるのが基本的な食生活であったのだろうか。だとしたら、繋がれることが多くては困ったであろう。そもそも猫たちの腹を満たすほどのネズミが宮廷内にいたのかどうか。多少は「汚げな物」でも頂戴しなくては、猫をやっていられない状況であったとも思われるのだ。

犬に食い殺される猫たち

来ぬ人をまつ帆の浦の夕なぎに焼くや藻塩の身もこがれつつ（『小倉百人一首』九七番）

この歌を詠んだのは、『小倉百人一首』の撰者でもある歌人の権中納言定家こと藤原定家（ふじわらのていか）である。身も焦がれる恋心を鮮やかに歌い上げた歌道のレジェンド・藤原定家は、克明に記された自らの日記『明月記』の承元元（一二〇七）年七月四日の項に、愛猫を亡くした悲しみを切々と書き綴っている。

この日は朝から曇っていたが後雨になった。退出した定家が家に戻ると、愛する猫が死んでいた。定家は元々猫はあまり好きではなかったのだが、三年ほど前から妻が飼いはじめた猫をいつしかともに愛するようになり、手に乗せたり懐に入れたりもしてたいそう可愛がっていたのである。この猫はたいへんおとなしくて、他の猫のように嫌な鳴き声で啼きさわがなかった。悲慟の思い、人倫に異らず（このひどく悲しい思いは、大切な人を失った悲しみと異ならない）。

どうにもやるせない悲しみ、愛した猫への思いの丈が切々と綴られた日記なのだが、定家の猫の死因は何か。なんと、犬に食われて殺されてしまったというのだ。隣家との境は隔てなきも同然なので、侵入してきた犬の仕業に違いなかろうと推測している。

そうなのだ！　犬たちが食らいたいのは本来は死肉ではない。できるならば生きた獲物が欲しいのだ。遺棄された病人や捨て子の乳幼児が次々と食われまくっていたという驚愕の事実もあるのだが、手ごろな大きさからいっても猫はまさに犬の獲物としてうってつけ。犬たちが猫を狙わない理由はないのだ。

室町に入ってからの応永二六（一四一九）年四月一五日、伏見宮定房親王（ふしみのみやさだふさしんのう）『看聞御記（かんもんぎょき）』には、「飼養猫、先日犬ニ被食、今日死、不憫之間記之」（飼い猫が、先日犬に食われ、今日死んだ。可哀そうなのでここに書き記す）とある。

恐らくは犬の犠牲になった猫の数は相当多かったと思われる。猫を繋ぎとめて外に出したくない理由があるとするならば、それは大いなる脅威であったはずの犬の存在によるものではないのか。

それにしても、藤原定家の日記は「ペットロスの哀しみ」を表現した最古の文献でもあるわけで、さすがは日本が誇る「歌道のレジェンド」なのだ。

平安京にこだまする、猫の叫びと犬の涙

歌人・藤原定家は、もともと猫があまり好きではなかった理由として、「他の猫は嫌な鳴き声で啼きさわぐから」といっている。「啼きさわぐ嫌な声」とは何なのか?

恐らくは「ギャァオオ〜」と平安の夜の闇に恐ろしげに響き渡る猫たちの争いの声、恋の鞘当てを繰り返す頃の声、あるいは犬や他の獣と遭遇して脅える声や、食われかかって反撃する時の叫び声であろうか。このような猫の嫌な声が聞こえてくるということは、平安京の内裏周辺でも繋がれた猫ばかりではなかったという何よりの証拠だろう。

例の誕生の際に「産養い」が執り行われた一条天皇の愛猫「命婦のおとど」だが、生後六か月の頃には特に繋がれることもなく極めて猫らしく日向ぼっこ寝に興じていたことが『枕草子』に綴られている。

それは産養いから半年後の長保二（一〇〇〇）年三月中頃のこと。「命婦のおとど」は部屋から出て縁の上の端のほうで寝込んでいた。養育係の高級女官・馬の命婦が、「あなまさなや。入りたまへ」（まぁ、はしたないこと。早く中へお入り）と何度も呼んだのだが、「命婦のおとど」は暖かい日差しを浴びて気持ちよくまどろんでいて、一向に中に入る様子はない。

ここはひとつ脅かしてやろうと企んだ馬の命婦は、すかさず翁丸（おきなまろ）を呼んだのであった。翁丸というのは内裏に居ついていた犬の中の一頭で、清少納言が仕えていた中宮定子（一条天皇の皇后・藤原定子）がたいそう可愛がっていた犬だというのだ。

「翁丸いづら。命婦のおとどくへ」（翁丸はどこ？　命婦のおとどを食っちゃいな）

よりによって食っちゃいなとはまた物騒極まりないが、なぜか素直な翁丸はすかさず命婦のおとどに飛び掛かる。ビックリ仰天の命婦のおとどは、慌てふためいて御簾の中へと逃げ込むと、そこにおわすは一条天皇！

「この翁丸を叩いて懲らしめ、犬島（犬の流刑地）に流してしまえ。今すぐに。世話役交代だ。こんなことをしでかして任せておけるか！」

と、天皇は養育係の馬の命婦を叱りつけ、あわれ翁丸は犬島へと追放されてしまった。

それから数日後、犬のけたたましい鳴き声が響き渡って、御所中の犬たちが「何事ぞ？」とばかりに声のほうに一斉に駆けていく。聞けば、犬島に流罪になった犬が舞い戻ってきて、蔵人（くろうど）二人が激しく打ちこらしめているというのだ。

「それは翁丸じゃないかしら……」

心配になった中宮定子と定子付きの女房たちが止めに駆け付けたが時遅く、犬はすでに死亡して門外へ棄てられてしまったという。

「嗚呼……可哀そうな翁丸」

と、噂をしあっていたその夕方、醜く腫れあがったむごたらしい犬がふらふらと現れた。

「あれはもしや、翁丸？」

そのようでもあるし違うようでもある。何しろ醜く腫れあがった有様で判別できないのだ。

「翁丸かい？」と呼んでも振り向きもしないので、これは違う犬なのだろうと、中宮定子は心を曇らせる。

そして翌朝、清少納言が持つ手鏡で中宮定子が髪を整えていたところ、昨日の犬が柱のたもとにいるのが見えた。

「可哀そうに……翁丸は今度は何に生まれ変わってくるのでしょう。死ぬ時にはどんなに辛かったことであろうか」

すると突然、身を震わせはじめたその犬が突如として滂沱（ぼうだ）の涙を流したので、度肝を抜かれる清少納言と中宮定子。

やはり翁丸だったのだ。昨夜は自分の巣場に隠れて耐えていたのだ。中宮定子が声をかけると、伏せの姿勢で元気に鳴いて応える翁丸。

「これは驚いた。犬でもこれほどの知恵があるものなのか！」

と、一条天皇もお笑いなさって、許しを貰った翁丸は元の生活に戻れたというのであった。

そして最後に、「犬でもまさか同情されて震えて泣き出すとは、なんとをかしくもあわれであることか。人ならば人から同情されて泣いたりまどはするものだが」と、清少納言は自らの感想で結んでいる。

さて、果たしてどこまでが実話なのかと思わざるをえないほどに突っ込みどころ満載な一編であるが、どうやら時系列的に検証してみるとこの翁丸の事件の後に、「いとをかしげなる猫の、赤き首綱に白き札つきて、はかりの緒（碇のことか？）、組の長きなどをつけて、引きあるくも、をかしうなまめきたり」という光景がはじまったようなのである。

日本人のアバウトな「犬・猫感覚」

この「翁丸」の登場する場面は、教科書に載ったりもして『枕草子』の中ではわりと有名なエピソードらしい。そのため、日本の初期の飼い猫の代表が「命婦のおとど」なら、飼い犬の元祖が同じく平安時代の「翁丸」であるというようにもいわれている。犬の場合は、今現在の飼い犬のあり方とはまったく違う曖昧模糊とした感覚で成り立っていたのだ。

当時の平安京の宮廷敷地内にはかなりの犬が住み着いていた。犬たちは自由に外の街へと出かけていき、食事時にはお裾分けを貰おうとちゃんと帰ってくる。そうしてきちんとお座りのポーズで待っていたりしたようだが、誰彼かまわずお裾分けが貰えるというわけではない。犬の世界には順位となわばりの掟というものがあって、人との交流はそれぞれのなわばり範囲での贔屓(ひいき)筋衆だけに限るのだ。

そうした犬たちの中で、中宮定子の傍らをなわばりとして居ついて、定子に懐き定子付きの女房たちとも気を許しあって御馳走のお裾分けを貰ったりしていたのが翁丸なのだ。翁丸の立場からすれば、定子と女房たちは同じなわばりを共有している仲間として認識しているということだ。

中宮定子のグループに属するとはいっても、それ以上でもそれ以下でもない。翁丸は他の犬たちと何ら変わらず、京の街をさまよっては人糞を食らい、死骸をついばんで、飽きたらまた宮廷に舞い戻って定子からご馳走を頂戴する。そうしたことを平気で許していたというか、まったく問題とは捉えてもいなかった。それが当時、犬と親しんでいた人々の感覚なのだ。

そもそもなんで平安京にはそんなにも犬が多かったのか。平安京だけではない。日本中、いや世界中およそ人間がいるところには、必ずたくさんの犬たちが存在していたのだ。それはなぜか？

古代の原人は生息域がもろに狼と被っていたので共同で狩りを行うようになり、いつしか狼から犬へと進化して、犬の群れと共同で生息域を世界中に広げながらヒトとなっていった。その長い長い期間を一緒にいた犬たちが、ずっと変わらずに同じ場所にいた。人間の生活が変わっても、犬たちは他にどこにも行きようがない。それだから、人間がいるところには、かならず犬もいたのだ。

これはもう、犬はそこらへんにたくさんいるのが当たり前すぎるほどの当たり前であったので、よほどのことがない限り、とりたてて物語にも記録にも必要以上の犬の存在は残されにくかったということらしい。大河ドラマや時代劇では決して描かれないから、「昔も今現在と同じように、無雑作に徘徊する犬たちなど存在しない世界であった」としか思い描けないだけなのだ。

そんな犬たちといち早く新たな主従関係を生み出していったのは、主に西洋人であった。それぞれの地域の犬の特徴を生かし、生活用途に合わせて働かせるようにした。日本の平安時代の同じ頃には、西洋ではすでに数多くの犬種が定着して上手に飼いこなされていたのだ。

日本に西洋式の「飼い主」対「飼い犬」という個人的な主従関係の概念が持ち込まれたのは、実に明治維新以後のことであった。それまでの日本には「飼い犬」として犬を管理するという文化はなく、犬たちは「町の犬」「村の犬」「里の犬」、あるいはもっと小規模なら「その地域の犬」「その団体衆のなわばりの犬」として、その範囲内の人々に共同で可愛がられ餌を貰えたりもするという暗黙の了解があったのだ。

犬のほうでも自分はそのなわばりの一員と心得、そのなわばりの番犬を自ら担う。よそ者の侵入を許さず、仲間のピンチには身を挺して一緒に戦う。そうやって、なわばり内の秩序を守ろうとするのだ。でも、それ以外の時はお互いに自由だ。それは縄文時代と何ら変わらない日本人と犬との独特な関係性であったのかもしれない。そしてこの「ある種アバウトな犬との関係性の感覚」は、その後猫に対しても「原初的地域猫感覚」として引き継がれてゆくこととなる。それが欧米人の「ペット感覚」とは明らかに異なった、日本人特有の「犬・猫感覚」なのだ。

そういう意味では、平安京の犬たちが幼児や弱った病人を襲って食らっていたと一般的にはいわれているが、すでに死体となっていた場合はいざ知らず、元気な時にその犬と親しんで、犬がなわばりの仲間と認識していたならば、弱って屋外へ出されてしまった瀕死の病人であったとしても、犬はおいそれとは襲わないはずである。そんな時に迷わず食い掛かってくるのは敵グループに属する犬、あるいは通りすがりの犬だ。仲間の犬が近くにいたならば、逆に病人を守ろうとしてその敵犬に飛び掛かるかもしれない。

犬をよく知る者なら、誰もがそう考えたほうが合点がいくのではなかろうか。

あと、これだけの犬がいたならば、必ずグループ間の抗争があり、小ボス、大ボスからトップのラスボスまでがいたはずだと思われるが、翁丸というのはどれくらいのランクの犬だったのか。そんなことを妄想してみるのも楽しい。「平安京の荒ぶる犬」への興味は尽きないのだ。

古代エジプトの犬の神アヌビスのこと

それにしても、まさか平安時代の犬がこんなにも荒ぶる存在であったとは今回初めて知ったので驚きを禁じ得ない。

まさに「黒歴史」といえようか。平安京の犬たちが人の排泄物や死体、捨て子や捨て病人の処理にかかわっていたという歴史上の事実は、内容が内容だけに、愛犬家向けに編集された犬の本などにはまず載っていない。私が今回調べた限りでは、書名に「犬」と冠した犬の本でこれらの事柄が包み隠さず扱われているのは『犬の日本史　人間とともに歩んだ一万年の物語』（谷口研語著、吉川弘文館）ただ一冊だけであった。

平成九（一九九七）年に七一歳で亡くなった私の父・沼田陽一は、超ド級の犬バカで犬についての博学ぶりに定評のある物書きであったのだが、そんな父でも平安京の犬事情についての知識は皆無だったのではないか。数多く出版された犬についての著作の中でも、この界隈の話題はまったくの手付かずであった。

著書の一冊に「人を食ってた犬たち」と題された一編もちゃんと含まれてはいる。ただしこれは昔の日本の犬の話ではなく、古代エジプトのアヌビスという犬の姿をした死者の神の話。イエネコ発祥の地で猫を女神バステトとして信仰したことで有名な古代エジプトだが、実は犬の数もバカ多く、信仰対象としても実は猫よりも犬のほうが先行していたのだ。ただし犬のほうは何かと話題が多いので、この話も取り立てて犬の歴史の一ページとして語られることは稀なだけだ。古代エジプトでは人が死ぬと青銅でつくったアヌビス像を棺に入れて、死者に悪霊が憑かないようにと祈ったのである。つまりは悪霊から死者を守る番犬がアヌビスだというわけなのだ。

ところが悪霊ならぬ墓荒らしをやったのは、人間の泥棒と野犬の群れであった。泥棒はもっぱら高貴な人の墓をあばいては埋葬された金銀財宝を奪い、野犬は粗末な墓を掘り起こしては中の遺体を餌として貪り食っていたのだ。

「犬が人を食った話は、そんな大昔のことでなくても、バラバラ殺人事件で、最初に野犬が人の手や足をくわえてきて発覚したという話は、日本にも欧米にもよくある例である。つまり、今ペットとしてかわいがられている犬も、ひとたび野犬にされ、腹ペコの極限状態におかれたら、彼らも人を食べるということである」

と、戦前戦中からエアデールテリアを飼い続けて、犬の持つ野性味のヤバさを身を持った生の体験として熟知し尽くしている親父は、ただクールに一言、

「たとえ今は小さくかわいいだけの犬でも、いざ有事となったら彼らも人を食べるよ」

といい切っているのだ。

それなのに、犬が死者の番犬を務める神とは矛盾してるじゃないかって。いやいや、それに対して親父は、

「もしかすると、アヌビスは、死者を犬に食わすことによって、逆に悪霊から死者の魂を守ったのかも知れない」

と、結んでいる。

うん！　これはたぶん、古代エジプト人の信仰とは無関係の「沼田陽一個人の感想」なのだろうが、さすがはオヤジ、そうだよな、きっと――と、倅（せがれ）の沼田朗もこれに賛同するものなのであった。

日本の猫の立場を決めたのは一条天皇？

さてそんなわけで、平安京王朝貴族の飼い猫が繋がれていた件について時系列的にまとめるとこうなる。

猫の日本の文献へのメジャーデビューは、寛平元（八八九）年二月六日の宇多天皇の日記。仁和元（八八五）年に唐土から渡来した黒猫を五年ほど愛育しているその心情が丁寧に綴られているが、この時点では猫を繋いでいた形跡はまったくない。ちなみにこの時の宇多天皇は御年二三歳。

それから百年ほど後の長保元（九九九）年九月一九日、一条天皇の愛猫が子を産み、なんとその産養いが執り行われ、養育係として馬の命婦が任命された。

犬の産穢が取りざたされていた時代の真っただ中での「猫の産養い」は、やはり相当に奇異なことであったらしく、時の人々は皆これを腹の底では笑っていたという。これは奇怪なことだ、何かの前兆ではないのか、嗚呼——と、一条天皇のあまりにも猫バカな奇行ぶりを心底案じてこれを記録したのが、中納言として一条天皇に仕えていた藤原実資の日記『小右記』であった。

その半年後。さらに猫バカなことに、生まれた子猫には「命婦のおとど」という名前と五位の位が与えられて殿上していたことが明かされ、その子猫に襲い掛かった犬の「翁丸」の顛末が綴られているのが清少納言の『枕草子』なのだ。

そして、その後の『枕草子』に、「いとをかしげなる猫の、赤き首綱に白き札つきて、はかりの緒、組の長きなどをつけて、引きあるくも、をかしうなまめきたり」と、何やら猫を繋いでいるらしい光景の記述がここで初登場する。

だから時系列的に検証してみると、どうやら翁丸の事件に懲りたことがきっかけで、その後に猫を繋ぐことがはじまったらしいということがわかるのだ。

こうしたことは世間一般向けの歴史の中ではほとんど語られないわけだが、ここにあえて一般で語られている時系列をも追加してみると、中宮定子という方は命婦のおとどの産養いから二か月後の一一月七日に一条天皇の第一皇子・敦康親王（あつやすしんのう）を出産。同じ一一月七日、一一月一日に入内したばかりの藤原彰子（ふじわらのしょうし）が女御となっている。この時定子二三歳、一条天皇二〇歳、藤原彰子は何と一二歳。

　そして、翁丸事件のひと月前の長保二（一〇〇〇）年二月二五日、女御彰子が新たに皇后に冊立（さくりつ）されて「中宮」を号し、先に「中宮」を号していた皇后定子は「皇后宮」を号させられ、史上はじめての「一帝二后」となっていた。そうしたややこしい状況の中で滂沱の涙を流した翁丸と、「これは驚いたなぁ！」と笑う一条天皇。

　その年の暮れの一二月一六日、定子は第二皇女・媄子内親王（びしないしんのう）を難産の末に出産した直後、崩御してしまうのだ。享年二四。そして定子崩御にともなって、三六歳の清少納言もまた宮中を去ったのであった。

　名実ともに唯一の后となった中宮彰子に女房兼家庭教師役として仕えることになったのが、その時すでに『源氏物語』を書きはじめていた紫式部（年齢及び本名不詳）である。同人誌的に発表した『源氏物語』の評判はすこぶるよく、宮中でも口コミで広がって話題になっていた。それが中宮彰子の父・藤原道長の目にも留まって、女房兼家庭教師役の拝命を頂戴することとなったのだ。

　中宮彰子の時代の猫は命婦のおとどの子や孫ということになるのだろうが、翁丸はその後どうなってしまったのだろうか。それはともかく、紫式部はその後も『源氏物語』を書き続け、命婦のおとどの子孫がモデルと思えるような綱に繋がれた子猫が御簾を持ち上げるシーンが登場し、その後の狂言回し役ともなって物語に彩りを添えたのであった。

そんな『源氏物語』にどっぷりハマりまくっていた元祖「源氏物語オタク」世代の一人に、後の『更級日記』の作者である菅原孝標女もいたわけだが、思えば当時から同じ貴族層の読者の間では大人気であったという『枕草子』と『源氏物語』だ。菅原孝標女にもまた猫との出会いと別れの経験があったように、『枕草子』と『源氏物語』が読者に猫への興味と愛情のタネをそれとなく植え付けることに貢献していたとも考えられる。

そして「猫は繋ぐもの」だということも、すべては清少納言と紫式部によって心ならずも仕組まれてしまった、壮大なる一つの「メディア戦略効果」であったのか。いや、その後のすべての猫のあれこれの根本は、「元祖猫萌え」の一条天皇による「猫の産養い」からはじまっていたのかもしれない。

藤原実資が日記『小右記』に記したように、本当にこれこそがあらゆることの前兆であったようなのだ。

平安愛猫貴族の感性が、日本の猫心の原風景

猫たちが貴族と戯れていた平安時代。

当時から女性読者を虜にしていた『源氏物語』の人気は今なお衰えてはいない。平安時代の代表的なイメージはとにかく美しい雅の世界。イケメン貴族たちはちょいと不良っぽく蹴鞠と

呼ばれたリフティングを決めて、好きとなったらただ一筋、相手が女だろうが男だろうが、おかまいなしの「壁ドン」で甘い恋を囁きかける。さらにそこに甘美な猫との情景もあったというのだから堪らない。

そんな『源氏物語』をはじめとする平安女流文学人気や平安王朝貴族世界の人気、平安時代そのものの高人気のためか、最近ではネット上でも平安時代の猫のエピソードはウケがいいようで、現代語訳などを紹介しているサイトも数多く存在している。これは猫との交流についての感性的落差がなくなり、ようやく一般庶民でも平安貴族レベルにまで追いついたということなのかもしれない。

何しろ宇多天皇は、毎朝猫に乳粥を与えて大切に可愛がったりするのである。二一世紀現在の猫好きなら「そんなの当然」と普通に理解できるエピソードなのかもしれないが、江戸時代の人がこれを読んでどう思っていたのか。いや、戦前から昭和三〇~四〇年代あたりでも、まだちょっと理解しがたい浮世離れした行為と受け取られていたはずなのだ。

古代エジプトで尊重されていた猫たち同様に、平安時代の皇族・貴族に愛されていた猫たちもまた、稀に見る幸福な時代を生きた幸運な猫たちであったということなのかもしれない。

実際の平安時代、貴族たちと猫が住まう宮殿を一歩外に出たなら、悪臭漂う散乱する死骸の山と荒ぶる犬たちの群れ。

このようにその当時の日本全体からすれば、いくら日本国の中心をなす人々であったとはいえ、王朝貴族たちの生活感覚はあまりに身勝手で能天気。だからとても一般的とは言いがたい極めてレアなケースであったのかもしれないが、それでも、『宇多天皇御記』や『枕草子』『源氏物語』『更級日記』にみられる「猫と人との愛情溢れた交流のありかた」は、今となっては猫好きな日本人なら誰もが難なく共感できるような、そんな「日本の猫心の原風景」なのではあるまいか。

あまりに猫バカな一条天皇の為した猫への行為の数々は、実はみんなから呆れられ、江戸時代になってからも嘲笑され罵倒され続けていたそうだが、そんな一条天皇に対しても現在のネット上の反応は案外やさしい。

なぜならその後の日本の猫の歴史のすべては、この時の一条天皇の産養いからはじまっているようなものだからである。

「これは奇怪なことだ。何かの前兆ではないのか。嗚呼！」

そう叫んだ藤原実資の言葉通り、この後すぐにその「何か」が現れてきてしまうのだ。後の世に「猫又」「化け猫」と呼ばれる、そんな「何か」が……！

第四章

猫はなぜ化けたのか

藤原定家が口火を切った怪猫の記録

平安王朝貴族が猫を愛していたその時代、貴族たちが最も憂慮していたのが「穢れ」という概念であった。穢れは、神が嫌うもの、神の気障りとなるもの（と、当時の人々が考え信じ込んでいたもの）を指す。その代表は、荒ぶる犬たちによって頻繁に巻き起こされていた「死穢」であったわけだが、では穢れの発生を放っておいたらどうなると考えられていたのだろう。

神が穢れに触れた結果として起こるのは、①天候・自然・社会の異変（干害、水害、地震、兵乱など）、②皇族らの肉体的変調、③御所への物の怪（もののけ）の出現——といった災いの数々だとされている。

実際に異変の予兆として記録されている例もある。たとえば『中右記（ちゅうゆうき）』に記録された、「嘉承元（一一〇六）年六月、堀河天皇の大内裏行幸にあたり、路頭に死人があったのを前陣の検非遺使が取り棄てなかったのが翌年の天皇崩御の遠因とされる」などがそうだ。

一方、やや奇異にも映るのが「③御所への物の怪の出現」だろう。物の怪とは、「人間に憑（つ）いて苦しめたり、病気にさせたり、死に至らせたりするといわれる怨霊、死霊、生霊などの霊のこと」だとされている。物の怪については『枕草子』『源氏物語』『紫式部日記』にも詳しく述べられており、平安時代を読み解くには欠かせない重要なキーワードの一つとされているのだ。

物の怪は、このような霊現象の他に、妖（あやかし）、鬼、怪物、お化け、化け物、妖怪、魑魅魍魎（ちみもうりょう）といった、要するに異界の生物であるかのような妖怪変化全般をも指している。

そして、平安貴族たちとまったり優雅な時を過ごしていた猫たちは、鎌倉時代へ移行するやいなや、なぜか「猫股」という物の怪へと変貌させられてしまうのだ。平安時代に見られた猫への想いが伝わるような記述はすっかり姿を消し、一転して猫の記録といえば現代人にはとても理解しがたいような、世にもおぞましい猫の怪獣、あるいは妖怪、怪談怪奇伝説ばかりが目立つようになってしまうのだ。

鎌倉時代に入ると突如として得体の知れない猫怪獣が現れては人々を襲うようになり、いつしか猫怪獣は「猫股」（あるいは「猫又」）と呼ばれるようになった。

そして、よりによってというか、猫怪獣に対して初めてネコマタという名称を文献上に記載したのは、またしてもあの『小倉百人一首』を編んだ歌道のレジェンド・藤原定家の日記『明月記』であったのだ（ただしここでは「猫胯」と表記されている）。

先述の愛猫を犬に噛み殺された事件を記録したのは承元元（一二〇七）年七月四日の項。それから二六年後の天福元（一二三三）年八月二日に、「猫胯という獣が南都（奈良のこと）に現れて七、八人もの人間を噛み殺した事件」を同じ『明月記』に記録しているのだ。

この一晩で数人を食い殺した怪獣「猫胯」の特徴は、奈良からやってきた少年の使者によれば、「目は猫のようで、体は犬ぐらいの大きさ」という。それを聞いた藤原定家はあることを思い出した。二条院の御時（一一五八〜六五年）、京にこの猫胯が来たと人が語るのを少年の時に聞いたことがあったのだ。その時には猫胯病というものが流行し、これがもし京中におよんだらと人々は恐れていた、と。

奈良に現れた「猫胯」の正体は何なのか。ヤマイヌか豹に近い大型のヤマネコの一種だと考えられるが、それもただのヤマイヌ、ヤマネコではなく、狂犬病に感染したヤマイヌではなかろうかとの説もある。

狂犬病は江戸時代中期に流行しているが、それ以前の発生を示す史料はない。実はこの頃すでに発生していたのだろうか。「猫胯病」とは狂犬病のことなのか。すべての真相は謎なのである。

「猫股」の基本設定者は吉田兼好

その後、全国で続々と「怪猫伝説」が伝えられてゆくのだが、怪猫のタイプは大きく分けて二種類。深山に棲むヤマネコかヤマイヌのような「猫怪獣」と、長年生きているうちに普通の猫が魔物と化した「猫妖怪」だ。

ところが鎌倉時代の末期（一三三一年頃）、この両者がともに人に害をなす怪猫であるとして、初めて同じ土俵に上げて扱われた。それが吉田兼好の『徒然草』の一節であったのだ。

「奥山に、猫またといふものありて、人を食ふなると、人の言ひけるに、山ならねども、これらにも、猫の経あがりて猫またに成りて、人とる事はあなるものを」（奥山には猫股という人を食う怪獣が潜んでいるというが、山でなくともこのあたりでも、猫が長い年月を生きれば猫股となって、同じように人を食うことがあるそうだ）

このように、あろうことか『徒然草』（第八九段）の中で、「猫怪獣」と「猫妖怪」は違うものではあるが、ともに「猫股」である。つまりは「飼い猫でも年を取れば化けて猫股になる」という新たな公式設定を加えてしまったのだ。

「このあたりでも猫股が現れて食われることもあるそうだ」という噂を、行願寺あたりに住む何阿弥陀仏とか連歌する法師が伝え聞いて、「一人歩きする身の自分は注意せねば」と思っていたところ、あるところで夜遅くまで連歌して、たった一人の帰り道、小川のほとりで噂の猫股が足下に寄ってきて、かきつくままに首のあたりに食らいつこうとした。肝心も失せて、防ごうにも力もなく足も立たず、思わず小川へ転び入って「助けてくれ、猫股だ！」と叫んだら、近くの家々より松明灯して人々が寄って見れば、このあたりに住む法師だとわかった。「これはどうしたことか」と川の中から抱き起こしたところ、連歌の褒美に貰った扇・小箱など、懐に持っていたものはすべて水の中に落としてしまった。稀有にも間一髪のところを助かって、ほうほうの体で家に入ったのであった。

と、このような話なのだが、このあと最後の一行で、吉田兼好は意外なオチを用意している。

「飼ひける犬の、暗けれど主を知りて、飛び付きたりけるとぞ」

猫股だと思ってビックリ仰天。川に落ちてせっかくの褒賞品を落としてしまったが、頸筋に飛びついてきたのは猫股じゃなくて、法師の愛犬だったというのだ。

先の『枕草子』の命婦のおとどと翁丸の件に続き、この『徒然草』(第八九段)も高校の古文の教科書などに採用され、かなり知られたエピソードらしい。それとともに、猫股の基本設定をわかりやすくまとめた最初のものであるとして、世の猫本などのネコマタ解説によく取り上げられている。

実際にこの『徒然草』以降、「年を重ねた猫サイズの妖怪タイプ」も「深山に潜むヤマイヌサイズの怪獣タイプ」も、すべては「猫股」と呼ばれるようになり、江戸時代に入ってこれに手が加えられ、猫股は再び大ブームとなるのだ。

猫をよく知らない人が猫を悪者にした

なぜ猫股はこんなにも恐れられていたのだろう。

そこには「いわれなき猫への悪意」があったように思われる。あるいは「悪意ある誤解」といってもいいかもしれない。最初のきっかけは一条天皇の行き過ぎた行為や、王朝貴族のステータスシンボルとしての猫の圧倒的な存在感かもしれない。「なんであんな愛想のない怖ろし気な獣を可愛がっているのだろうか？」と、猫に反感を持つ人も多かったのだろう。

だいたいにおいて、猫をまだよく知らない人が猫を嫌いやすいものなのだ。ふと見かけた猫は人の顔をじっと冷たい視線で見つめていたかと思うと、くるっと背を向けて一目散に逃げ去ってしまう。自分に対してゴロゴロと懐いてくれたり、気を許して間近でくつろいだ寝顔などを見る機会がないうちは、猫への好感は生まれにくいものだ。そこへもってきて、ネズミを捕える狩りの様子を見て空恐ろしさを感じたり、闇夜に瞳や背中が光る様を目撃したりしたら後はいけない。

「猫ってのはなんかヤバそうな生き物だ。あれはひょっとして魔物じゃないのか？」

誰かの感想が口コミに乗って風の噂となり、知らぬ間にどこまでも広がってしまう。一度ネガティブな色眼鏡で見てしまうと、負のスパイラルが巻き起こって吸い寄せられてきた数々の悪評が竜巻となり、ただの猫を怖ろし気な「猫股」へと変身させてしまうのだ。

「山から猫股がやってきて人を食い尽くすらしいぞ」

「年取った猫も化けて猫股になるんだってよ」

と噂の竜巻がさらに大きくなると、恐怖心もどんどん大きく深く心の奥底まで蝕んでいってしまい、夜道で馴れ親しんでいるはずの身内の犬に飛びかかられただけなのに、「すわ、猫股が出た！」とビックリ仰天して川に落っこちる羽目にもなるわけなのだ。

『徒然草』（第八九段）の最後のオチの一行は、マヌケな「落とし噺」のオチとして成立している。ここで吉田兼好がいわんとしたことは、

「怖い怖いと思い込んでいるから、なんでもないものが恐ろしいものに見えてしまう」

すなわち「幽霊の正体見たり枯れ尾花」と同じ意図であろう。

そして、兼好がそこまで意識していたかどうかはわからないが、実際に人を襲っていたのはただの荒ぶる犬であったのに、恐怖心で冷静な認識を欠いていたことと日頃からの猫への悪意が重なって、「襲ったのは犬ぐらいの大きさの猫股だった」というケースもあったに違いない。

では、すべての猫股事件の真犯人が犬だったのかというと、むろんそんなことはありえない。だが直接の犯人ではないにしろ、猫股と呼ばれた何者かの度重なる襲来の裏には、実は犬たちの動向が大きく関係していたと思われるのだ。

荒ぶる犬たちの沈静と「猫股」の出現

『徒然草』（第八九段）で猫股に勘違いされていた犬は「飼ひける犬」となっているが、行願寺に普段から住み着いて住職たちに可愛がられていた里犬と思われる。

犬たちのライフスタイルとしては内裏に住み着いていた翁丸らの頃と変わりないが、ぶらぶ

らと京の街を徘徊しては我が物顔で荒ぶっていた犬たちの全体数は、平安時代よりは減少していたはずである。鎌倉幕府が成立して「武者の世」となってからは、鎌倉武士の武芸鍛錬として「犬追物（いぬおうもの）」が頻繁に行われるようになったからだ。

犬追物とは、騎馬で犬を追い的として射る、という武芸を磨くための訓練である。後にルール化した試合形式をとって、的にされる犬はなるべく傷つけないような配慮がされていたが、中世初期の武士たちに犬殺しを忌む観念があったかどうかは疑わしく、当初は実際に射殺していたらしい。播磨（兵庫県）、美作（みまさか）・備前（岡山県）などでは、肉食禁忌を破り、犬追物で犬を殺してその肉を食す横暴が目立ったという記録もある。

また、武士たちは好んで「鷹狩」をするようにもなった。鷹狩というが、実際には犬と鷹にタッグを組ませて行う狩猟方法で、まず犬に雉などの獲物を見つけて追い立てさせたところで、すかさず鷹を放して捕えさせるのだ。地上の肉食獣を制したミアキス一族の走る切り込み隊長・犬と、ティラノサウルス一族の遺伝子を受け継ぐ「最恐の」空の肉食王・猛禽類の鷹との贅沢なコラボというわけだ。

鷹狩用の鷹犬を仕込むためには、一般的な猟犬よりさらに高等な訓練が必要であったが、優秀な鷹犬は「御犬」と呼ばれて優遇され、とても大切にされた。もちろん鷹もこの上なく丁重に扱われていたが、鷹狩の鷹に与えられる食事はどういうわけかこれまた犬なのである（これも歴史書などに詳しく書かれることはないが、江戸時代末までその風習は続いていたという）。

だから、鷹狩が盛んになれば、それだけ多くの犬が駆り出されることになり、鷹犬に抜擢されるか鷹餌犬に回されるかで、その格差はまさに天国と地獄だった。

ところで、ここに一つたいへん不可解なデータがある。前掲の『死者たちの中世』によれば、一二世紀中の平安京で大量になされていた死体放置が、なぜか一三世紀前半に劇的に減少しているというのである。

なぜそうなったのか。犬神人と呼ばれる死穢の清掃などに従事していた下級神官が、「坂非人」とか「河原者」と呼ばれた貧窮民・流浪民を大挙動員して遺体を京外の墓地へ運ばせるようになったため、五体不虞穢が減ったということらしい。

こちら方面の専門的な研究では、五体不虞穢の実行犯であった荒ぶる犬たちの動向についてはまったく触れられていないのだが、ド素人な私が気になるのはやっぱり犬たちなのだ。仮にも犬の総数が減っていたとするならば、五体不虞穢は減るのではなかろうか。

さらには、五体不虞穢が急激に減少した一三世紀前半というのは、ちょうど猫股が現れはじめた頃と重なっているのだ。ここには何かとんでもない因果関係が秘められているのではないだろうか。

ここから多少の推理・憶測をお許し願いたい。

当時の猫が「貴重」で「希少」であった本当の理由

日本人と犬との縁は古くて深く、『日本書紀』にはすでに犬についての記述が多数あり、犬を狩猟に使っていたことや、名前を付けていたことが書かれている。そんな中、垂仁天皇二八年一一月条に、早くも犬が人を食う場面が出てきてしまうのだ。

垂仁天皇は前の月に没した同母弟の倭彦命の遺体を葬った際に、近侍していた者たちを集めて、陵の周囲に生きながら埋めたのであった。彼らは昼夜うめき嘆いていたのだが、日数を経てついには死に、やがては朽ち腐る。あとは「犬烏聚噉焉」(犬烏あつまりはむ)とある。犬と烏に貪り食われてしまったというのだ。

垂仁天皇はこの殉死者たちのうめき嘆く声を聞いて悲痛の想いをなして、人に代わる物を考えさせた結果、以後、埴輪がたてられるようになったというのだ。

誰もが初めて学校で日本の歴史を学んだ時に、真っ先に出てきて最初に覚えるであろう埴輪に、そんなとんでもない誕生秘話があったとは驚きだ。その後も犬と烏に死体を食らわれながら日本の歴史は静かに進み、「穢れの思想」が取り入れられるに至って、平安京や伊勢神宮の祭典、式典が、数々の死穢、五体不虞穢によって次々と中止延期させられる異常事態を招いてしまったわけなのだ。

だが、放置された死体の自然還元処理を担って「風葬」を成り立たせていた動物は、何も犬と鳥だけに限るわけではなかろう。前掲の「中世京都死体遺棄年表」に記録されているのは他に、鳶が小児の足をくわえて貴族邸の敷地内に落っことしたという一例だけなのだが、当時の猫、特に野良猫も必ずや街中で朽ち果てた死肉を食していたはずだ。もっとも、当時の捨て子から棄て病人までをも食らい尽くしていたという犬たちの荒ぶり放題な状況では、野良猫もまた犬に食われる側であったと思われる。恐らく当時の野良猫は、子猫かせいぜい数年の若いうちに犬の餌食にされることが多かったのではないか。

江戸時代を迎えるまで猫の数がそれほど増えなかったという理由は、結局は荒ぶる犬の総数に負けていたということなのかもしれない。

葬送の変化が「猫股」を人前に呼び寄せた

仏教には「捨身飼虎（しゃしんしこ）」という有名な説話がある。釈迦は前世で、飢えた虎の親子と出会った時に、自らその身を投げ出して食わせ、母虎と七匹の子虎の命を救ってやったというのだ。

このように、やなせたかしの「アンパンマン」思想の原点のような教えがあるので、『拾遺往生伝』第二七話の善法聖人という僧は「死んだら必ず林野に置いて鳥獣に施せ」と遺言し、その通り実行されたという。鎌倉時代には浄土真宗の宗祖である親鸞聖人や、時宗の開祖・一遍上人も死後の風葬を遺言していたが、弟子たちが実行をためらって、結局は丁重に埋葬されたとのことである。

人間側は遺棄された死体だの、風葬だのと捉えているが、それを食す鳥獣たちの側からすれば、それは命を繋ぐ貴重な糧に他ならない。何かの理由でそれが増減すれば必ずどこかで調整されねばならず、急になくなってしまったら他の方法を求めて旅に出るということになるだろう。

今まで豊富に放置されていた遺棄死体がどこか遠くの墓所に運ばれるようになったなら、それを食していた犬たちは何か別の食料を見つけて埋め合わせねばならなくなる。犬追物や鷹餌で犬の数が大幅に減るようなことがあったのに遺棄死体の量が変わらないなら、放置されたままの死体が多すぎる結果となり、それを食わんとする何か別のものがやってくるかもしれない。

市街地から遠い河原や藪の中、森林、深山に置かれる風葬遺体の量に変化が生じたなら、近隣地域に広く影響が出るだろう。何か今まで見たこともない奇獣が急に人家の村に現れて人を食ったなら、それは自然界の食物連鎖と食物供給のバランスに変化が生じたから、その奇獣は食物を求めて山から降りてきた、あるいは他のどこからか移動してきた、ということに他ならない。冷静に考えれば、それ以外の理由は考えられないだろう。

王朝貴族社会が中心の平安時代が終わり、武家社会がはじまった頃、果たしていったい何があったのか？

それはわからないのだが、とにかく何かがあったから生態系の食料供給バランスに乱れが生じて、他の地で何か他の物を食していたはずの「猫股なるもの」が、人前に出現しては生きた人を襲ってかっ食らうという事態を招いてしまったはずなのだ。猫股の正体がヤマネコやヤマイヌ、あるいは他の未知の奇獣であったにしろ、必ずやそのものらは風葬で遺棄された遺体を食していたことだろう。風葬でヒトの肉の味を覚えてしまったがゆえに、ヒトの肉を求めて来襲した……ということで、たぶん間違いはないのだ。

「送り狼」とは、実は化け犬のことだった

江戸時代になってから流行した猫股の物語では、数々の「お約束」が用意されている。「お約束」の中でも最も恐ろしいのは「人を襲って食う」ことだが、食うのは人だけではない。「前菜」替わりとしてか、群がり集まってくる犬どもも食いまくるし、狐も狸も襲っては見事に食ってしまう。

江戸中期に刊行された説話集『新著聞集』に実在の話と主張する記録がある。貞享二（一六八五）年五月、「紀州熊野の山陰の洞に、虎のごとくなる獣住みて、里の犬、狐、狸などを捕ること数年遺および、人をも追う」ということで、竹串と輪で罠をつくって捕えたところ「猪ほどありし大猫に待りし」であったというのだ。

いつもは犬に食われている立場の猫が、猫股に変身して復讐を果たしたということなのだろ

うか。狐と狸という「化け界の大先輩」を食ってしまうという皮肉にも満ちている。狐は『日本霊異記』、狸はなんと『日本書紀』にすでに化ける動物として記録されており、化けるといったら狐と狸が不動のダブルセンターだったのだ。

また、よく「化け猫はいるのに化け犬はいない」という人がいるが、これはとんでもない誤解である。犬にも実は「送り犬」という妖怪がいて、これが東北地方から九州に至るまで全国各地に伝わっているのだ。

夜中にひとり山道を歩いていると、後ろから何者かがぴたりと付いてくる。それが「送り犬」だ。もし何かの拍子で転んでしまうと、そこでたちまち食い殺されてしまう。だが転んだ時でも「どっこいしょ」と座ったように見せかけたり、少し休憩をとる振りをすれば襲い掛かってこない。地方によっては「犬が体当たりしてきて突き倒そうとする」「転んだのを合図に、どこからともなく犬の群れが現れて集団で襲い掛かってくる」など、犬の行動には若干の違いがあるが、この時代はまさに一歩間違ったら本当に食われていたわけで、かつての荒ぶる犬たちへのリアルな恐怖そのものなのだ。

だが「送り犬」には逆に、山道を付いてきて守ってくれる場合もあり、これまた犬と人間の関係そのものなのが興味深い。長野県の南佐久郡小海町あたりに伝わる話では、人を守るのが「送り犬」で、人を襲うのを「迎え犬」と呼び分けているそうである。

この「送り犬」が、関東地方から近畿地方にかけての地域と高知県では「送り狼」として伝わっている。同じように転んだり歯向かったり襲われもするが、上手く対処して感謝すれば逆に守ってくれる頼もしい味方にもなるという。それは実際のニホンオオカミの習性そのものだという。

死体を踊らせ、奪い去る「化け猫」

化け犬には「送り犬」だけではなく、岡山県小田郡に伝わる犬の姿の妖怪「すねこすり」や、人に憑依させて呪術に使われていた犬霊の「犬神」もいる。

人に憑依させて呪術に使うというのは中国の「猫鬼（びょうき）」という妖怪と同じで、猫鬼は猫股のネタ元と目されているのだが、猫鬼と猫股は猫の名が冠されている以外は特に何も共通点がない。むしろこちらの犬神のほうがはるかに猫鬼に近い。

そして犬霊なのになぜかモグラの一種で、だから目が見えず、しかも猫股と同じように尻尾の先が二股に分かれているというのだから、もう何が何だかわからないのだ。

当時はこの犬神の呪術が大変流行っていたそうで、それに比べれば猫股はまだまだ無名に近い存在であった。猫股の尻尾が二股というのは江戸時代以降にいわれるようになったもので、この犬神の尻尾から頂いた設定なのかもしれない。

このように平安・鎌倉時代の頃にはけっこう「化け犬」も活躍の場があったのだが、なぜかこの後急激に廃れてマイナー落ちしてしまう。逆に猫は、その生態を知る人が庶民層にも広がるにつれて「化け要素」が増えてゆき、いつしか狐、狸のシェアをも奪い取って、一躍「化け界」のトップに躍り出てしまうのだ。

新たに加わった不気味な「化け要素」とは、死体に関連するものが多い。なぜか猫股は異様に死体を好み、死体に執着するようになったのだ。

死体にくしゃみをさせたり、歩かせたり、しまいには自由自在に操って踊らせるまでに至った。そして、葬式の道中の行列を狙ってどこからともなく出現し、行列に襲い掛かっては死体を奪って逃走するというのだから、もう始末に負えない。

葬列を襲う猫股には空から棺めがけて飛び込んでくるタイプがあり、奪われた死体も空へと消える。それを特に「火車（かしゃ）」と称している。火車は黒雲から現れたり、あるいは雷鳴や突風をともなった火の玉となって現れたり、とにかくやることが派手なのだ。

講談や歌舞伎の化け猫モノでは、行列の途中で猫股が現れると、突然死体が棺桶をぶち破って顔を出し、歩いて暴れて踊りだす。そんなシーンが十八番だったようだ。

死体を踊らせたかどうかはともかくとして、猫股が葬列に襲い掛かって死体を奪ったというのは、たぶん実際にあった話と思われる。風葬はそう簡単にはなくならなかったが、それでも徐々に、しかるべき葬儀を行ってきちんと埋葬する習慣が広まっていったからだ。

風葬地の死体を食していた猫股（と呼ばれる獣）は、「死体を捨てに来ないならこっちから行ってやる。埋められる前に食ってやる！」とばかりに、葬列を襲っては死体を奪い去るようになったのだろう。

人の死体を奪い去る猫股というと、とんでもなく恐ろしい怪獣のようだが、やっていることはドラ猫と同じ。というよりは、非公式ながら、こちらが「元祖のドラ猫」なわけで、それから数世紀を経た後に、猫たちはこれとまったく同じ理由と目的、同じ方法論で、魚を奪い去っては「ドラ猫」と化してゆくこととなるのだ。

ドラ猫が魚を奪おうとする「猫股と同じ理由と目的」とは、肉食動物としては生きるために決して譲ることのできない「動物性たんぱく質の摂取」だ。肉食動物たるものは必ずや肉を食って動物性たんぱく質を摂取せねば生きられない。それなのに、昔の日本は動物性たんぱく質が常に不足しがちな環境下にあったのだ。それを補って余りあるのが、火葬されずに放置される豊富なご遺体だったというわけである。

結局のところ確たる証拠こそ見つからなかったが、平安時代以来、特に野良猫の場合は、状況から考えても必ずや死体に群がっていたはずである。風葬の習慣が緩んできて、亡くなった方のご遺体を身近に安置される機会が増えた時、人々は死体に惹かれて集まってくる猫に相当手を焼いたらしい。その証拠には「猫と死体」に関するおびただしい数の俗信が全国的に伝わっているからだ。

「猫が死人の部屋に入ると死人が立ち上がる」

「死人の傍(そば)に猫が寄ると踊り出す」
「猫が死人を跨(また)ぐと、死人が起きてご飯を食べる」
「猫が死体を舐めると猫股になる」
「死人の血、または身につけたものを猫が舐めると、その人に乗り移って化ける」

その他もろもろ、ちょっとずつ違った同じような俗信が無数に残されているのだ。それだけ頻繁に猫が死体に近づいてきたからなのだろう。ご遺体にちょっかい出されるのは忍びないので、なんとかして猫を近づけさせたくない。その結果として、これだけの俗信が編み出されたのだと思うのだ。

そして猫除けとして、死者の枕元や胸元に「守り刀」が置かれるようになり、その風習はいつしか猫から離れて現在まで伝えられているのであった。

そんなわけで、江戸時代以前までの飼い猫が繋がれていた理由というのがいまいち釈然としなかったが、安置されたご遺体に近づけさせたくないからという理由ならわかる。普段は好き勝手を許されていた猫でも、この時ばかりは繋がれてしまったのかもしれない。

猫が再び「貴重品」に

養蚕が盛んな地域ではネズミ対策のための猫は生活必需品となっていった。江戸時代中期に書かれた最古の養蚕専門書『蚕飼養法記』には、わざわざ「鼠と蛇から蚕を守る対策として、必ず良い猫を飼っておくべし」と念を押すように記されている。

平戸藩主・松浦静山による随筆集『甲子夜話』（一八二一〜四一年）の一節に、養蚕の盛んだった奥州（現在の福島・宮城・岩手・青森の四県と秋田県の一部）ではネズミから蚕を守るために良い猫を選ばねばならず、ネズミをよく捕る上等な猫の価は金五両位。馬の価一両の五倍もの価格で取引されたとある。馬の五倍とはいくらなんでも高すぎだが、これはそれだけ支払っても見合うだけの「ネズミ捕殺力」が保障されていてこその値段であろう。

とにかくしっかりネズミを捕れる猫でなければどうにもならん、というわけで「よくネズミを捕る猫の見分け方」に関する俗説も全国的に伝わっているのだ。

「顔の丸い猫はよくネズミを捕る」（新潟）
「足の裏に三つ、豆のできている猫はよくネズミを捕る」（愛知）
「夏猫はネズミを捕らぬ」（秋田）
「首をつまんで下げた時、足をこごませて丸くなるのはよくネズミを捕り、だらりと足を伸ばす猫はネズミを捕らない」（新潟、壱岐）
「後ろ脚を下げるのがよくネズミを捕る」（愛知）
「足の裏の黒い猫はよくネズミを捕る」（岡山）
「尾が長い猫はネズミを捕らない」（岡山）

中には、こんなとんでもない俗説もある。

「盗んだ猫でなければネズミを捕らない」（豊前）

この俗説の信憑性はともかくとして、この頃は猫を盗んで高く売る輩が後を絶たなかったらしい。

猫の値が高騰していた理由が実はもう一つある。三味線の皮にするためだ。事態がこうなってくると、「本当に猫は貴重だから盗まれないように繋いでおこう」という話になってくるだろう。実際に、ネズミ退治目当ての需要が増え、さらには三味線のブームで、猫の数は万年品薄。盗難防止で飼い猫を繋ぎ止めることがかなり広まっていたようなのだ。

いつの間にか、猫と人との関係はそんなことになっていたのだが、徳川家康が江戸に幕府を開いて江戸時代がスタートする半年ほど前の慶長七（一六〇二）年、京の市中の一条の辻に奉行からの沙汰の高札が立てられた。その立て札にはこんな文面が記されていたと、西洞院時慶（にしのとういんときよし）の日記『時慶卿記』一〇月四日の条は伝えている。

「猫繋ぐべからざる旨、三か月ほど前より相触れられる」

要するに「猫の綱を解いて放て」とのお達しが出たというのだ。

この実際にあった沙汰が、『猫の草紙』というお伽噺となって伝えられている。

一、洛中猫の綱をとき、放ちがひにすべき事、

一、同じく猫うりかひ停止の事。
　此旨相背くにおいては、堅く罪科に処せらるべきものなり。


猫を繋いでその自由を奪ってはならない。売り買いも禁止である。守らぬものは厳重に処罰される……と、いうのである。

『猫の草紙』というお伽噺は、「このお触れによって長年の綱から解かれた猫は喜び勇んで歩き回り、ネズミは恐れおののき逃げ隠れせねばならなくなった。そこでネズミは高徳の僧侶の夢枕に立って苦境を訴えるが、そこへ猫もまた現れて……」という猫とネズミの物語。

　これはお伽噺ではあるものの、沙汰をきっかけに自由を得た猫が大喜びしたのはまさに本当のことであったのだろう。この時から猫はいよいよ「ドラ猫」への道をひた走り、八面六臂の大活躍で長き江戸時代を華やかに彩ってゆくこととなるのだ。

第五章

ドラ猫のスタンダードは短尾の日本猫

ドラ猫を生み出した「生類憐れみの令」の反動

さて、いよいよここからが本書のクライマックス！

「ドラ猫はなぜお魚くわえて逃げるのか?」

この現象が巻き起こった理由の根本には、どうやら歴史的にも有名なあの政策が大きく関係しているらしい。それは貞享二（一六八五）〜宝永六（一七〇九）年にかけて五代将軍徳川綱吉が次々と発布していった一連の政策、いわゆる「生類憐れみの令」である。

天下の悪法の呼び声高く、五代将軍綱吉は「犬公方」と揶揄されていたのだが、これが最新版の教科書では一八〇度ガラリと変わり、「日本人の心に道徳を植えつけた為政者」と再評価されているというのだから驚愕なのだ。

当時はまだ戦国時代の殺伐とした気風が色濃く残っており、命は粗末にされ、武力による解決を良しとし、人を殺すことに対する抵抗感のなさが依然として蔓延していた。それを根底から一掃して、「生類を憐れむ心」（命を大切にする心）へと転換させようとしたのが綱吉の本意だったというのだ。

まずは貞享四（一六八七）年、捨子捨牛馬禁止令と同時に江戸町中に犬保護の指示が出され、野犬（無主犬）の保護、狂犬を見つけたらすぐ届け出ること、行方不明の飼い犬は捜索すること、犬（猫も）の飼い主登録などが定められていった。

平安時代から続いていた「捨て子」「捨て病人」が禁止され、棄てられた弱き人々が荒ぶる犬に食い殺されるという悲惨な構図がようやく終焉を迎えたのだ。また、この頃は人の犬食もかなり盛んになっていたのだが、これにも歯止めがかけられた。犬に限らず様々な動物が食べられていたが、とりあえずはすべて禁止だ。

法令はやがて、あらゆる命の「殺生禁止」へと進んでゆく。「殺生の禁止」とは「狩猟の制限」に繋がることであり、鉄砲を取り上げることで地方領主の力を削いで、農民の一揆をも防ごうという狙いであったのだ。この時全盛であった「鷹狩」は禁止され、飼育されていた鷹は伊豆諸島で放鳥されることとなったが、全国の大名から支配下の村落に委託されて、農民たちが大変な思いをしながら飼育させられていた膨大な数の「御鷹餌犬」が行き場を失った。そこで、元禄六（一六九三）年の鷹狩停止とともに、四谷、大久保、中野に犬収容施設が次々と建設され、たちまち一〇万匹に及ぶ犬が集められたという。

この法令によって死刑や重罪や、とんでもなく苦しめられた被害者が何千、何万、何十万人いると長らくいわれてきたが、そのほとんどはデマで、重罪扱いだったのはせいぜい一年に数人。しかも武士階級中心であったという。綱吉の死後、即刻すべてが廃止されたというのもデマで、実際は明らかにやりすぎ、行き過ぎな法令を次々整理しただけで、捨て子禁止などの重要事項はその後もちゃんと継続されていたそうなのだ。

だが、多くの人々にとって「生類憐れみの令」は多大なストレスであったに違いなく、廃止後には大きな開放感が広がった。

反動はまず食道楽に現れたはずだ。肉食はもちろんのこと、魚さえも生きたまま食用として売ることが禁じられていたのだ。「生類憐れみの令」が廃止されて魚屋が大いに活気づき、ここからが江戸の魚屋の時代のはじまりとなったのだ。

漁業全体が発展すると同時に、魚市場からなる流通システムが整備されていった。当時の魚屋に店持ちはほんのわずかで、ほとんどが木桶に入れた鮮魚や干し魚を天秤棒で担いで売り歩く棒手振り（ぼてふ）の魚売りであった。そんな魚売りが、市場で魚を仕入れて江戸の町を売り歩くのだ。馴染みの客に声をかけられ、木桶を下ろす魚売り。その様子を物陰からじっと見つめて狙いをつけ、魚屋が世間話に耳を傾け、木桶から目を離したその隙に、旬の鰯を一瞬でくわえて瞬く間に逃げ去ってしまうもの！

ドラ猫がついに現れたのだ。

猫はネズミと鰹節のみに生きるにあらず

江戸時代に入ってからの猫は、「猫繫ぐべからず」のお達しとネズミ捕りへの期待から、より身近で一般的な動物となり、「生類憐れみの令」の期間中にようやくにしてかなりその数を増加させたことと思われる。発令中はネズミの殺生も禁じられていたのだが、猫ならネズミを殺そうが食べようがなんの問題にもならなかったそうなので、猫の需要はさらに高まっていたはずだからだ。

だがその後まもなく、ネズミを捕らえるよりも棒手振りの魚売りの目を盗んで新鮮な魚を奪い去るほうに「狩りの醍醐味」を見いだしてしまった猫が多発することになり、そんな猫を人々は「猫のくせにネズミを捕らずに人様の魚を盗むろくでなし」とみて、ろくでもない猫、すなわち「ドラ猫」と呼ぶようになったのだ（まぁ、ドラ猫という言葉の誕生はもっと後かもしれないのだが）。そこで初めて「すべての猫が同じようにネズミを捕るわけではなく、猫にも当たり外れがあるのだ」という現実を知った江戸時代の人々は、魚を狙うドラ猫になることなく、少しでもよくネズミを捕る猫を求め、ない知恵を絞り続けることとなるのだ。

そして、前述のような「ネズミをよく捕る猫の見分け方」なる陳腐な俗説が多数はびこることとなるのだが、柳沢淇園（きえん）の『雲萍雑志（うんぴょうざっし）』という天保一四（一八四三）年に発行された随筆には、ネズミを捕らせるための食事の与え方が指南されている。

「猫を飼う者は、多くは猫の飼い方を知らない。飯を与えるのに鰹節を入れ、動物性タンパク質を加えている。猫が常にこんな贅沢な食事をするときはねずみを捕らない。猫は、麦を炊いて味噌汁をかけて与えるべきである。その他の食事を与えるべきではない。いつも肉食に慣れさせてしまえば、肉類のないときは必ず他の家に行って魚肉を盗むだろう」（田中貴子著『鈴の音が聞こえる　猫の古典文学誌』の現代語訳より）

「猫に鰹節」というお約束については、これより四〇年も前に大田南畝が『四方のあか』の一節で、「皿に使う鮑貝一つと鰹節一連さえあれば猫は飼える」と書いている。ネズミを捕らせたいなら鰹節さえいらない。麦ごはんに味噌汁ぶっかけただけで十分だといっているのだ。そもそも鰹節で魚の味を覚えさせてしまったのがマズかったようにも思えるのだが、このような、「猫はネズミを捕って食べるのだから、せいぜい鰹節か残り物の魚の骨に味噌汁をぶっかけたごはんでも与えておけばそれでよい」という考えが、その後長く、昭和の四〇、五〇年代まで続いていたのだ。

昭和四八（一九七三）年に発行された金崎肇（日本猫愛好会会長）による『ねこネコ人間』（創造社）の中に、新聞に投書されたドラ猫の飼い主への苦情の話がある。

近所の飼い猫が土足で上がってきたとか、台所の食べ物を泥棒したとかの苦情への反論を新聞社から求められて、金崎氏は以下のように書いたという。

「この種の問題は正しい猫の飼い方をすればほとんど解決できることであり、近所迷惑にならないはずである。第一、猫は美食好きの動物だから、日ごろ、飼い主がうまいものを充分与えておれば、それ以上のマズイものは決して食べぬし、他人の家へ入って泥棒するようなことはない。鼠でもたべておればよいぐらいに考えて魚の骨しか与えず放っておくような飼い方をすると、泥棒するし、鼠もとらない。第一腹が減っておればスタミナがないし、すばやい鼠をつかまえる体力はない」

そうそう、この頃でもまだ巷の猫はこんな感じだったなあと懐かしく思う世代の私であるのだが、猫は逆に食べなくなってからネズミ捕りがヤケクソに上手くなった奴もいたのだ。そんな奴は、決して腹が減ってはいない。満足に食ったうえで、遊びで、道楽で、スポーツ化した「狩猟」を楽しんでいるわけなのだ。いってみれば、鷹狩に興じていた戦国武将たちと何ら変わることはない。

「生類憐れみの令」の終わりから昭和の終わりまで、「残り物ぶっかけ飯世代」のドラ猫たちの時代は、こんなにも長く太々しく続いていたということなのだ。

江戸時代、猫の多くは「地域猫」だった

こうして猫は、江戸時代の日本の風景にすっかり溶け込んでいくこととなった。

もう以前のように綱に繋がれることはめったになくなり、飼い猫といえども自由にネズミを捕ったり魚を盗んだり、はたまた近所の野良猫と喧嘩したり、恋に落ちて身籠ったり、産んだり育てたり貰われていったりを繰り返しながら、いつの間にかその数も増えて、ごく一般的な愛玩動物の地位が確立されたのだ。

日本全国いつでもどこでも、そこかしこに猫がいる。それは決して自然にはじまったことではなかった。犬ははるか悠久の昔からずっと変わらずに日本人とともにあったのだが、猫が日

本の庶民層の生活圏内に浸透したのは、江戸時代のこの頃からなのだ。

日本人のルーツは縄文犬を連れた縄文人が南アジア方面から北海道までやってきたことにはじまり、その後弥生時代に弥生犬を連れた弥生人が、そして古墳時代に古墳時代人がやはり犬をともなってそれぞれ朝鮮半島から入ってきて、そうして三種混合されたのがその後の日本犬と日本人となったわけなので、どっちにしてもすべてが犬連れであったということに変わりはない。長くて深い間柄であったゆえなのか、時に互いを食いあう関係になりながらも決別することなく、常に同じ生活圏内を共有して生きてきたのだ。

欧米人は早くから犬との間に主従関係を設けて完全に犬を従えてしまった。そうしてから、次々と新たな犬種をつくり出しては犬を便利な生活用具として使いこなしてきたわけだが、日本の犬はずっと「ありのまま」であった。犬を訓練で一方的に従わせることをせず、時に「ここ掘れワンワン！」と教えてくれる犬本来の能力と知恵に素直に従いながら、対等なままに生活をともにしてきたのだ。

犬は犬の都合のままに、犬のなわばりとして共有していた土地を不審者から守ろうと吠えたりする働きが、すなわち人間の都合でいう「番犬」となっていた。個人、あるいは個々の家庭の飼い犬となっていた犬の数は少なく、その地域に居ついて同じ共同体の一員となっている「里犬」「町犬」「村犬」がほとんどであったのだ。

このような犬と日本人との関係性は、平安宮廷で中宮定子とそのお付きの一行のサロンに居ついていた翁丸の頃からずっと変わらず、「生類憐れみの令」の廃止直後は反動で虐待者が一時は増加したような報告もあるが、すぐまた元に戻って、それぞれの里の人々と里犬との関係は常に平和に保たれてゆくのであった。

一方、猫は平安時代の貴族層に倣ってか、時に綱に繋いだりして個々の所有物のような愛玩動物になりつつもあったが、「繋ぐべからず」とのお達しが出された江戸時代以降、先行する犬との関係性の感覚がそのまま猫にも適用されてしまったようだ。

つまりは、飼い猫とはいっても自由に外で他の猫と交流もし、時に近所の人々にも可愛がられたり、逆に迷惑かけたりすることもある。現代と違って多少迷惑かけられても同じ町の「町猫」として許されていた。これが本当の「地域猫」だ。

このような「里犬感覚」が日本人のＤＮＡには根強く残っていて、それが深層意識にあるためなのか、日本人の猫好き、犬好きには未だに「ペット」「飼う」という言葉を嫌う人が多い。曰く「ペットっていわれると、なんかモノみたいな感じ」というわけだ。まさにその通りで、西洋での「ペット」という言葉に内包された「所有」と「主従関係」という概念は、日本人本来の「里犬地域猫感覚」とは真逆であるからだ。

「里犬地域猫感覚」は自由で大らかで素晴らしいのだが、反面、責任の所在がいい加減、つまり無責任になりがちなので、その点はよく心しておくべきことなのだ。

江戸期を彩った、百花繚乱「ドラ猫文化」

江戸時代は多様な文化が一気に花開いた時代であったが、その最初のムーブメントとなったのがこれまた「生類憐れみの令」と重なる時代、徳川綱吉の治世の特に元禄年間(一六八八〜一七〇四)を中心とする時代に生まれた「元禄文化」だ。とにかく明るい町人文化といわれているものだが、この元禄文化所属アーティストの作品には、なぜか猫をモチーフにしたものがチラホラ目立つ。

まずは松尾芭蕉。いくつもの印象的な猫の句を詠んでいる。

猫の恋やむとき閨(ねや)の朧月(おぼろづき)
麦めしにやつるゝ恋か猫の妻
猫の妻へついの崩(くず)れより通ひけり
まとふどな犬ふみつけて猫の恋

そして浄瑠璃『下関猫魔達(しものせきねこまた)』、歌舞伎狂言『傾城(けいせい)富士見る里』で化け猫モノを初めて舞台化した近松門左衛門も、元禄文化を支えた花形スターに数えられている。

さらには、左甚五郎の作品といわれる『眠り猫』を擁する日光東照宮もまた元禄文化ファミリーの建築部門の一員なのだ。

猫がからんだ文化・芸術作品は、それからも多肢にわたって続々と制作され続け、江戸後期に入った文化・文政時代（一八〇四〜三一）の「化政文化」所属のアーティスト群ともなると、猫へのリスペクトはさらに増加する。

まずは美術部門。歌川国芳を筆頭に、歌川国貞、歌川広重らの浮世絵に表現された猫たちの共演は、まさに百花繚乱の様相を呈したのであった。

そして文学部門ではなんといっても俳諧の小林一茶だ。松尾芭蕉よりもさらに数多くの猫の句を詠んでいるのだが、なんと、一茶はドラ猫好みの粋人であったようだ。

恥入てひらたくなるやどろぼ猫
火の上を上手にとぶはうかれ猫
鼻先に飯粒つけて猫の恋
猫の子が蚤すりつける榎(えのき)かな
うかれきて鶏(とり)追まくる男(お)猫哉

といった具合で、読むだけで嬉しくなるような、明らかに芭蕉の時代よりもドラ度が進化したマヌケな行動の数々が見事に活写されているのだ。

他にも数多くの江戸俳諧や連句、絵草紙、珍談奇談、著聞集に江戸落語と、いったいどれだけの猫が登場しているのか、その実数は計り知れない。

また、膨大な数の猫の付く言葉やことわざ、俗説の数々も、ほとんどが江戸時代のうちに出そろっていたと思われるが、一つひとつを検証すれば猫たちのドラ化の進化がわかる。

たとえば「猫舌」という言葉。『広辞苑』には「(猫は熱い食物をきらうからいう)熱い物を飲み食いすることのできないこと。また、そういう人」とある。動物には加熱した食べ物を食べる習慣がない。だから、猫に限らず、大抵の動物は熱いものが苦手で当たり前なはずなのだが、いったいいつ、誰が、猫は猫舌であることを発見したのか。

恐らくは江戸時代の中期以降、江戸庶民の間で秋に旬の秋刀魚を食べるのが一般的になった頃、七輪で焼いている秋刀魚を火傷も恐れずに奪い去ることに成功した猫がいたのだ。

「アヂヂ、アヂヂ!」と、その猫は、舌を首ごと小刻みに振りながら、冷める前に強引に焦って食べている。「猫舌」という言葉の発明者は、そんな豪快でマヌケな「ドラ猫の進化」を目撃した人であったに違いないのだ。

落とし噺の傑作「猫の皿」

歌舞伎・講談に続く新たなる庶民文化が、「噺(はなし)」と呼ばれた江戸落語の誕生であった。今現在落語といったら「笑えるギャグの話芸」のイメージが強いだろうが、そのような「笑い噺」「落とし噺」だけではなく「人情噺」や「怪談噺」など、幅広い話芸を語って聞かせたのが本来の「寄席(よせ)の噺」というものであったのだ。

『寄席の底ぢから』(中村伸著、三賢社)によれば、江戸・東京に「寄席」と呼ばれる話芸を聞かせる席が誕生したのは、寛政一〇(一七九八)年に初代三笑亭可楽(さんしょうていからく)が初めて入場料を取って聞かせたのがはじまり。その後文化・文政年間になると「釈場」とか「軍団席」と呼ばれた「講談の席」を含めて、江戸市中に多い時には四百軒ほどの寄席があったという。当初は講談の席のほうが江戸の庶民にとっては馴染みがあったが、そこから数年のうちに可楽をはじめとする落語家も実力を伸ばして、勢力を拡大して一気に噺の席、つまり落語の寄席が増加していったという。

猫の登場する落語は数多くあるが、初めの頃は「鍋島の猫騒動」のような歌舞伎・講談の化け猫モノなどから派生してアレンジされたものが多かった。どちらかといえば怪談噺に属し、多少の人情噺が加味されているのが特徴だ。

そんな中で、猫の出てくる滑稽噺、落とし噺の代表として有名なのが『猫の皿』だ。こちらは月尋堂(げつじんどう)が著した浮世草紙『子孫大黒柱』や、滝亭鯉丈(りゅうていりじょう)の『大山道中膝栗毛』に原話があるともいわれているが、当時の江戸庶民の暮らしぶりと猫との関係性がよくわかって興味深い内容となっている。

猫が食べている「ねこまんま」の皿が、とんでもない価値のある名品・逸品であることに気付いた古物商。

「可愛い猫だなぁ。この猫が気に入ってしまったから、三両で私に譲ってはくれまいか？猫は皿が変わると食べなくなると聞くから、この皿も一緒におくれ」

それを聞いた主人は、

「猫は差し上げますが、この皿は捨て値でも三百両はするという名品でございますから、三両で差し上げるわけにはまいりません」

「なんだ、知ってやがったのか！　名品の皿と知りながら、なんで猫の餌になんぞ使ってるんだ」

「はい。こうしておりますと、猫が時々三両で売れますもので……」

というわけで、当時の江戸庶民の暮らしにすっかり溶け込み入り込み、身近な近隣の地域に暮らす大雑把な所有感覚で人の手から手へと気軽に渡り歩き、時には売り買いもされて、猫まんまの餌を貰いながら盗み食いのドラ猫生活を楽しんでもいる。そうして時には「アヂヂ！」とマヌケな猫舌姿を晒してみたりもする。

こうして、江戸時代の猫の日々は暮れてゆくのであった。

猫股ブームの影響で生まれた「短尾の日本猫」

江戸時代も後半に入った頃、日本の猫にある明確な変化が現れた。尻尾の長い猫がほとんど姿を消して、いるのは短尾の猫ばかりになってしまったというのだ。

猫の尾は長いのが本来だということは、他のネコ科動物をみれば明らかだろう。日本でも平安、鎌倉期の絵に描かれている猫の尾は皆長い。江戸時代になってからの浮世絵も、初めはまだ長尾の猫が描かれていた。ところが天明二（一七八二）年あたりから、急に短尾の猫が目立ってくる。

その前年までの安永年間（一七七二～八一）にかけては狂犬病の大流行があったという。狂犬病といっても犬だけに限らず、猫・狼・狐・狸・牛・馬、もちろん人間も含め、ほとんどすべての哺乳類に感染し、感染後発症した動物は「犬のごとくに狂いはいまわりて死す」という恐ろしい病気だ。

入れ替わり天明二～八（一七八二～八八）年にかけては、江戸四大飢饉の中でも最大の飢饉とされる「天明の大飢饉」が発生した。全国で推定約二万人が餓死し、さらには飢餓とともに疫病も流行して、全国的に九二万人余りもの人口減を招いたとされているのだ。

まさに未曾有の苦難が続いた時代であったわけだが、まさか狂犬病か飢饉が原因で猫の尻尾が短くなってしまったのか。もちろんそんなはずあるわけがないのだが、混沌とした時代の世情不安が原動力となったのか、しばらく鳴りを潜めていた猫股がちょうどこの頃から活動を再開しているのだ。

　前述のように、復活した猫股はすべて妖怪型で、化けたり喋ったり踊ったりして、とにかく人を化かすのだ。その最大の特徴は、長い尻尾が二股に裂けていること。そして、この二股に裂けた長い尻尾を持つ猫股の一大ブームの影響で、「尻尾の長い猫は化ける」という噂が生まれたらしい。

　噂は流言飛語となり、瞬く間に風評被害をともなって炎上する。尻尾の長い猫は意味なく忌み嫌われるようになり、短尾ばかりがもてはやされる。さらには「猫は化け物かもしれない」という可能性を信じた上で、それでも飼いたいなら尾を切るという、「長尾猫の尻尾切り」が風習にまでなってしまった。方法は子猫の長い尻尾を丈夫な糸で結ぶだけである。こうしておくと成長とともにやがては尻尾が切れて、短くできるというわけなのだ。

　特に切られやすかったのは虎猫と黒猫で、これにもちゃんと猫股がらみの理由がある。化けて猫股になりやすい猫の特徴がいくつかあり、「老齢の雄猫」「長い尾」の他に、色では白以外の単色系、特に純黒毛がもっとも化けやすいといわれていたのだ。

　前掲の『猫の歴史と奇話』によれば、やたらと猫を描いたものが多い江戸時代後期の浮世絵を見ると、当時好まれた猫、実際にいた猫のタイプが如実にわかるという。

　歌川国芳の『猫飼好五十三疋（みょうかいこうごじゅうさんびき）』（一八五〇年作）に描かれている七三匹の猫のうち、短尾は五二匹。毛色は斑四〇匹、白二五匹なのに対し、黒と虎は合わせて八匹にすぎない。

安藤広重の『百猫画譜（ひゃくびょうがふ）』では一〇〇匹の猫のうち、はっきり短尾とわかるものが七二匹で、残りは後半身が見えないものも多い。色は斑五八匹、白三〇匹、虎八匹、黒四匹で、比率は国芳とほぼ同じになっている。

『百猫画譜』は明治一一（一八七八）年に発行された『魯文珍宝』という新聞に掲載された一枚なのだが、明治維新で日本に渡ってきた外国人は皆、日本猫の短い尻尾にカルチャーショックを受けたことを報告している。短尾が日本猫の何よりの特徴であり、好まれた毛色は白か斑（黒斑、赤斑、縞斑、三毛）。単色の黒虎、赤虎はやや敬遠され、黒猫は西洋と同じで嫌われる傾向にあったということなのだ。

「長尾猫の尻尾切り」の風習は、猫股が影を潜めた後も長く続けられ、昭和の初めから一部では戦後の昭和三〇年代まで残っていたという。生涯ずっと猫を飼い続けていた私の祖母もやっていたらしく、親父が「確かに子供の頃、糸で結んであった猫をよく見た記憶がある」といっていたのだ。

我が家の歴代の猫で初めて尾の長かったジュンがやってきたのは昭和四五（一九七〇）年。尾が長い純赤虎のキジが昭和五二（一九七七）年。そして尾が長い漆黒の黒猫マッチが昭和五六（一九八一）年であった。それ以前はうちのも外で見かけるのも短尾ばかりで、長い尻尾を表情豊かにゆらゆらさせるジュンがえらく新鮮に思えたのを覚えている。また、黒猫も実物はまったく見る機会がなかったので、えらくビックリしたものだった。

江戸後期に現れて定着していた短尾が基本の日本猫は、昭和四〇年代半ば（一九七〇年代始め）までは変わらなかった。厳密にいえばこの頃までの猫が、正しく本流の「日本猫」であったと私は思っている。

そして、恐らくそれは「ドラ猫」の最盛期と一致していると思われるのだ。

尾の長い黒虎唐猫vs.短尾で三毛の日本猫

『猫の歴史と奇話』で平岩米吉が数えた江戸時代後期の多数の浮世絵に描かれた猫の色柄の割合では、斑猫と白猫が過半数を占め、黒と虎は合わせて一〇パーセント程度と極端に少なかった。特に純黒毛の黒猫は最も化けやすいとされて忌み嫌われていたようなのだが、ふと思い出せば日本の文献記録中の最古の猫は、宇多天皇が愛育していた漆黒の唐猫ではないか。当時は皆浅黒い猫ばかりだったのに、ただこの猫だけは深黒で墨のようであったとも記録されている。その浅黒かった奴とは他の唐猫なのか、それとも唐猫以外の在来の野良猫なのかはわからないが、とにかく平安時代の貴族階級周辺にいた猫は黒っぽい猫が多かったということなのだ。

『ねこの秘密』（山根明弘著、文春新書）によれば、京都大学霊長類研究所の元所長である野澤謙先生が世界中の数万匹もの猫の毛色遺伝子の割合を研究されているという。野澤先生はさらに、平安時代から平成の今日までの五六四点にも及ぶ日本の絵画に描かれた猫の色柄を丹念に調べられた。すると平安時代と鎌倉時代は黒猫かキジ（虎）、それに腹側に白い毛が入った猫が主流で、全身が白い白猫とオレンジの毛色が入った猫は、一切登場していない。そのような毛並みの猫が絵画に登場しはじめるのは室町時代からなのだそうだ。そして、浮世絵で定番の三毛猫や短尾猫が登場するのは江戸時代になってから（それ以前の猫は尾が長い）で、この点は当然ながら平岩調査と一致している。

つまりは、平安時代には尾が長い黒か虎の猫が多かったが、江戸時代後期には短尾の白か斑の猫が多く、平安時代に主流だった黒猫、虎猫の数は激減したということなのだ。

平安時代は王朝貴族に飼われていた唐猫の話。一方の江戸時代後期はその後昭和まで続く日本猫の話なわけだが、これすなわち、尾の長さと色柄の違いが「唐猫」と「日本猫」の違いと理解していいものなのだろうか。

江戸時代になっても「唐猫」とあえて明記された猫の記録はけっこうあるようだが、かつて平安貴族の唐猫が栄えた京都では、江戸時代になってもその唐猫の子孫が綿々と生き続けていたようだ。江戸後期に書かれた随筆集『愚雑俎（ぐざっそ）』（田宮仲宣著、一八二五〜三三年刊）には、京都では「尾の長い唐猫」を飼うものが多く、浪華（大坂）では「尾の短い和種」を飼うものが多いと述べられているという。

どうやら短尾が「和種」、すなわち「日本猫」の特徴であると一般的に認識されていたようだ。それに対する「尾の長い唐猫」なのだが、当時の日本人は唐猫以外にも尾の長い猫がいることを知る由もなかったのだ。

短尾で三毛斑の元祖、金沢文庫の「金沢猫」

尻尾の短い猫はそもそもなぜ現れたのか。これは優性遺伝のなせるわざで、どれくらいの割合かわからないが、ほんの稀に骨の奇形で短く産まれた猫の短尾遺伝因子が優性遺伝によって拡散されていったものらしい。問題は、いつどこからその短尾因子が日本に入り込んだかなのだが、有力な線は三つある。

一つは鎌倉時代の中頃、北条実時(さねとき)が現在の神奈川県横浜市金沢区の称名寺に建てた私設図書館「金沢文庫」の猫だ。中国から取り寄せた仏典・仏教関連書籍をネズミの害から守るため、運搬船に同乗して金沢にやってきた唐猫がいた。これが実にネズミ捕りの能力に優れた猫ばかりで、その名も「金沢猫」、略して「かな」と呼ばれた。

この金沢猫の他にはない特徴が「短尾」であったというのだ。ネズミ捕りに優れ、短尾がなぜか多く、毛色は虎文、黒白斑文、三毛斑文が多い。

ここでひとつわかるのは、中国から渡ってきた「唐猫」にも、当然のことながら尻尾が短いものもいたということだ。平安時代の唐猫は、贈答用に外見が美麗で完ぺきに近いものだけが選ばれていたのだろう。それで劣勢因子の短尾や成長後に薄汚くなりがちな斑文柄の子猫は、初めから除外されていたとも考えられるのだ。一方、金沢猫は特にネズミ捕りに優れた唐猫が選抜されていたらしいので、尾の長短や斑文は二の次だったのかもしれない。

三浦半島の金沢文庫周辺地域では、昭和三〇年代以降まで短尾で斑文の猫を「金沢猫」、あるいは「かな」と呼んで親しんでいたそうなので、金沢猫の短尾因子が徐々に拡散して日本猫となった可能性は十分にあるのだ。

長崎・出島の「尾曲がり尾短猫」

日本猫の短尾因子侵入ルート、その二つ目は長崎・出島の「長崎尾曲がり猫」だ。その名の通り、こちらの猫は短いだけではなく「かぎしっぽ」とも呼ばれる曲がった尻尾が多いのが特徴である。

ご存知の通り江戸時代の日本は、寛永一六（一六三九）年、南蛮（ポルトガル）船入港禁止にはじまり、嘉永七（一八五四）年、日米和親条約締結に至るまでの二〇〇年以上、中国とオランダ以外の国との交易を禁止する政策をとってきた。いわゆる鎖国である。その鎖国政策の一環として長崎港に建設された人工島が、出島であった。

この出島においてオランダ東インド会社と二〇〇年以上にわたって交易が続けられていたわ

けだが、船による交易には当然ネズミがともなってくる。そこで東インド会社では船で航海する際の保険条件の中に「猫を乗せる」という条項を含めており、オランダからやってくる船には必ずいつも猫が乗っていた。その猫の多くが、なぜか「短尾」や「尾曲がり」の猫ばかりだったというのだ。

オランダ領東インドとは、現在のインドネシアのことであるが、尾曲がり猫はインドネシア付近が発祥の地と考えられている。その尾曲がり猫たちが出島に続々とやってきて、長崎・出島から日本全国の港町を経由して「尾曲がり尾短」の遺伝子を拡散させたようなのだ。

やってきた「尾曲がり尾短猫」たちは、東インド会社選抜の特にネズミ捕りが上手い精鋭メンバーであったが、その生命力は相当凄まじかったようで、なんと今現在も長崎の猫の八〇パーセントは尾曲がり猫で、「長崎ねこ」と呼ばれて現役バリバリ続行中だというのだ。

長崎猫とともに侵入した都市型巨大ネズミ

それほどまでに逞しく身体能力にも優れた尾曲がり猫たちではあっても、船内のすべてのネズミを殲滅できるはずはない。必ずや東インド経由でオランダのネズミが出島から日本上陸を果たしていたはずだが、このネズミが実は恐ろしい！

そう、オランダから来るネズミというのは、中世ヨーロッパの都市において肉食ゴミを漁って強力強大化したクマネズミかドブネズミであり、この時すでにアメリカをはじめ世界各地に進出しまくっていた恐怖の街ネズミ・都市ネズミの軍団なのだ。日本は幸いにも鎖国中であったので他国のように大っぴらに入り込まれることなく、出島のみが侵入通路となっていたというわけだ。

タモリが日本の各地をレポートする番組で、日本で初めて西洋産都市型ドブネズミが走り回っていたと思われる出島の地下水路の様子が映し出されていた。恐らく出島から入国した都市ネズミたちもこの地下水路からまた別の船に乗り、尾曲がり尾短猫と同じルートで日本の他の地域へと渡っていたのだろう。

この時期、日本のネズミはアカネズミ、ハタネズミらの野ネズミが相変わらず優勢で、イエネズミグループのハツカネズミは養蚕を狙って勢力を広げ、田ネズミと呼ばれていたクマネズミやドブネズミも徐々に活発化していたようだ。しかし、肉食が稀な日本人の食環境の下では、どれも所詮は「田舎のネズミ」にすぎなかった。

そこに、強大な外来種の都市ネズミがやってきたのだからたまらない。日本の田舎ネズミはとても太刀打ちできなかったと思われるが、欧米流の都会型生活環境に慣れてしまった都市ネズミの側も、当時の日本の食料事情の悪さにはガッカリだったに違いない。

「ダメだこりゃ」と、再び船に潜り込んで、日本以外のどこかに渡っていった奴もいただろう。日本に本格的に西洋都市ネズミが流入を開始するのは、文化がガラリと変わる、もうちょっと先になってからの話だ。

尾の短い「竹島猫」

話を戻そう。

猫の短尾因子来日ルート、その可能性の三つ目は「高麗（こうらい）（古代朝鮮）経由ルート説」だ。

猫は奈良時代かそれ以前から「ねこま」と呼ばれていて、当て字には「禰古万」のほかに「寝高麗」というものがある。これは「高麗からやってきた寝ることを好む動物」という意味で、その頃の猫は古代朝鮮の「高麗」から渡来したと考えられていたからだ。

奈良時代の遣唐使の手によって仏典とともに来日した唐猫の他に、それ以前からすでに別ルートのイエネコが日本に生息していたのはほぼ確実である。実際に高麗を経由していたのかどうかは確かめようがないが、古代中国から来た猫であることに間違いはない。前述のようにそれは中近東発のリビアヤマネコとは別系統で、比較的短い尻尾を持つジャングルキャットが先祖なのかもしれないが、すでに古くから日本にいた猫の中に短尾因子が混入していた可能性が濃厚なのだ。

短尾因子来日ルートの可能性は、恐らくは三つとも正解なのだろう。古くから日本の猫の中にあった短尾因子が時々目覚めては短尾猫を産み、金沢猫との交配で可能性が広がり、さらには長崎出島猫の参戦で江戸時代後期に一気にブレイク——たぶんこういうことが積み重なって、短尾の日本猫が誕生したのだと思われるのだ。

　金沢猫となった唐猫も、東インドから長崎出島へと渡った尾曲がり尾短猫も、ネズミ捕りが上手いものが選抜されていたようだが、尻尾の短さとネズミ捕獲能力に何か因果関係があるのだろうか。中国には当然ながら一定量の短尾猫は昔からいたようで、日本より先に「猫鬼」「金華猫」という怪猫伝説が盛んであったが、尾の長い短いとは無関係のようだ。だが、長い尾を上に立てて歩くのを忌んで、猫の尾切りは実は中国でも行われていたと、清代後期に黄漢が著した猫の博物誌『猫苑』（一八五三年刊）に記録されているそうである。

　寛保二（一七四二）年に松岡布政が編述した『伯耆民談記』には、「竹島猫」と称する尾曲がり尾短猫の記録がある。

「此の島に生する猫、尾の形短く曲がれり、今に至りて尾の短く曲たる猫を竹島猫と称するなり」

　この竹島というのは、日本と韓国の間で領有権争いがある現在の竹島ではなく、その竹島への玄関口となっている韓国の「鬱陵島」（ウルルン島）のことである。『猫の歴史と奇話』の平岩米吉は、この竹島猫は朝鮮系統のヤマネコではなく、平常は無人島で朝鮮に近いこの島へ朝鮮の漁民とともに渡来して、後に野生化したイエネコ、つまりは「短尾の野猫」であろうと推測している。なるほど、島内で繁殖を繰り返したために短い尾の猫ばかりとなったわけだ。

竹島猫が野猫であったとしたら、ここから船に乗って日本に渡った可能性は低い。それでも、先祖が同じだったのは間違いない。それは遠い昔の「寝高麗」だったのかもしれないし、「金沢猫」となった尾短の唐猫の仲間が朝鮮にも移っていたのかもしれない。東インドの「尾曲がり尾短猫」ともたぶん関係は近いだろう。

狆にダイコクネズミ……江戸のペットブーム

さて、庶民の間では犬と猫は勝手ほったらかし感覚で同居するのが日本の伝統だったが、平安時代の貴族のように猫をペット的に愛玩する層は、その後も常に一定量存在していたようである。

一三代将軍徳川家定の妻・篤姫はかなりの猫好きで、初代の猫・ミチ姫は短命であったが、二代目のサト姫という三毛猫は三人の世話役付きで一六歳まで生きたとのこと。子猫が生まれて、大奥の奥女中たちにも猫の飼い主が続々と広がっていったらしい。江戸時代においては、特に女性にペット的な猫の飼い主が多かったようで、花魁(おいらん)や花柳界の女性たちが競うように猫を愛玩していたという。

ペットという言葉も概念もまだ存在しなかったはずなのだが、実は江戸時代は多くの庶民の間で生き物を飼い育てることが流行った、日本で最初のペットブームの時代であった。中でも将軍家から吉原の遊女に至るまでの幅広い層に支持され爆発的に流行していたのが、荒ぶる犬たちが街中を勝手にブラブラしていた世相の中で、まったく趣を異にした小さな犬、「お座敷犬」の異名で知られた「狆（ちん）」であった。

狆の歴史はとても古く、最古の記録は奈良時代の天平四（七三二）年に、新羅より蜀（しょく）（現在の四川省）の犬が日本の宮廷に贈られたというもの。その頃の狆はチベット産の小型犬であったとみられているが、江戸時代に爆発的に流行っていた狆は、戦国時代から江戸時代にかけてポルトガル人がマカオから導入したペキニーズが改良されたものだという。

だが当時は、お座敷で飼われている小さな犬ならすべて「狆」と呼び、日本テリアのような容貌の犬も狆とされていた。当時はオランダから長崎の出島へ様々な外来犬が輸入されていたが、小型犬から中型犬まですべてが「狆」と総称されていた。狆が今現在の容姿に固定されたのは明治時代に入ってからだという。

一方、江戸時代には小鳥を飼うこともブームになり、「金魚〜ェ金魚〜」の売り声に乗せて天秤棒を担いだ金魚売りが夏の風物詩になったりもした。

そしてもう一つ。江戸時代の庶民層の愛玩動物として流行していたのが、なんとネズミなのだ！

日本におけるネズミは、『古事記』ですでに大国主命（おおくにぬしのみこと）の使いとして登場しており、ただ害獣として一方的に排除されるだけの存在ではなかった。ネズミを繁栄の象徴とみなし、急に家からネズミがいなくなるのは不吉であるとさえしていた。だから実害をこうむっても、いまいちネズミ駆除に不熱心な一面もあったのだが、一歩進んでネズミを自ら育てて愛玩することが江戸時代の粋人の間で流行ったのである。

ペットネズミとして人気が高かったのは、あの円形の遊具の中を走ってクルクル回すコマネズミが一番であったが、中にはドブネズミを飼い馴らす強者もいたという。『古事記』の昔から白いネズミを神格化して捉えていたので、やがては「白いハツカネズミ」がペットネズミの代表格へと育っていった。

そしてこの江戸の粋人たちが愛玩していたペットネズミが当時から海を渡って研究されており、それが現在の実験研究用のネズミ「実験用マウス」となったという。特に白いドブネズミ（ラット）は、その名も「ダイコクネズミ」と称されて、世界中の医療に今なお貢献を続けているという驚きの事実があるのだ。

「ネズミを育てる猫母」の大雑把なる母性本能

ネズミを捕らずに人目を盗んで魚を奪い去るドラ猫が出現しだした江戸時代、片やネズミを愛玩する粋人がけっこう多かったということで、これはもしやと思いきや、案の定ネズミと猫を一緒に飼って仲良くさせていたという記録もある。

江戸の国学者・山崎美成の随筆『提醒紀談』には、ある人がネズミを飼って猫と一緒に置いていたところ、日が経つにつれてお互いによく馴れてしまい、ネズミは猫を少しも恐れず、猫のほうも食べようとはせず、かえってネズミのされるがままになっていたというマヌケな実話が活写されているそうである。

また「猫の母親がネズミに乳を与えて育てた」という類の話も、江戸時代から昭和四六（一九七一）年に至るまで数多く残されていることを『猫の歴史と奇話』が伝えている。面白いことにその最初のきっかけというのが、子を産んだ猫に対して「ほら御馳走だよ」と子ネズミを与えたことからはじまっている例が多いのだ。その子ネズミをどういうわけか餌とは認識せず、我が子猫と一緒に乳を与えて育てはじめてしまったというのだ。

江戸時代ならともかく昭和四六年頃になってもまだ「猫に餌として生きたネズミを与える」ことが行われていたのがちょっと驚きだが、そうやって与えられたネズミを食べていた猫も恐らくは多かったのだろう。だが、猫は動き回るネズミに対して視覚が反応するところから「狩りのスイッチ」が入るものなので、子育て中にいきなり至近距離にネズミが紛れ込んでも食欲のスイッチのほうへは気が回らず、母性本能が勝って我が子同様に育ててしまったということなのだろう。

江戸時代にはさらに「猫とネズミがコンビを組んで曲芸をする見世物」があって、これが宝暦の頃（一七五一～六三）には流行していたというから驚きである。猫もネズミもともに江戸庶民の心、日本人の心にぐっと刺さる何かがあったということなのだろう。

間もなく、西洋人がやってきて、そんな「ネズミを捕らない猫」「猫を恐れぬネズミ」「街中で好き勝手にしている犬と猫と、そうさせて喜んでいる日本人」の姿を見て驚くこととなる。

そしてその日から、日本の猫の歴史もガラッと変わりゆくこととなるのだ。

ドラ猫たちの明治維新

嘉永六（一八五三）年、アメリカのペリー率いる黒船四隻が浦賀に来航した。何の記録も証拠も残されてはいないが、この時の黒船にも欧米産の都市ネズミとそれを制御せんがための猫が必ずや同乗していたことは確実である。長らく鎖国を続けていた日本に夜明けの時が来るとともに、ここから日本の猫、ネズミ、犬たちも大きな時代の波に呑み込まれてゆくこととなるのだ。

とりわけ犬においてそれは顕著であった。明治新政府はイギリスを手本とした畜犬規制の諸政策を導入し、すべての犬は「飼い犬」と「無主の犬」にきっちり分けられることとなり、これまでのような責任の所在が曖昧な里犬、町犬、村犬はすべて「野犬」として処分されることとなってしまった。運悪く狂犬病の流行も重なり、日本の地犬のほとんどが絶滅してしまったのだ。

代わって目覚しく増加したのが「カメ犬」と呼ばれた洋犬との雑種化である。「カメ」とは維新後に来日在駐していた西洋人が飼い犬の洋犬を呼ぶ「come on!」がそう聞こえたからで、当時の日本人は「西洋人の犬の名前はカメが多いな」と勘違いしたというのだ。そしてその後に、日本犬と西洋犬が雑種化したそれまでにない風貌の犬が「カメ犬」と呼ばれるようになり、この頃になってようやく日本犬が絶滅しつつあることに気付いたらしいのだが、時すでに遅し。

縄文時代から連綿と続いていた日本特有の地犬はすっかり姿を消してしまい、わずかながら秋田犬、柴犬、甲斐犬など各地の猟犬種のみが、その特徴を残すことができたのだという。現在日本犬と呼ばれている犬はすべて「昔の日本の元猟犬」であり、かつての大多数派の日本の犬の特徴を有する犬は、残念ながらもうどこにも存在しないというのだ。

一方、日本の猫は明治維新の大波に上手く乗ってしまい、レンジ相場から一挙に上昇トレンドの快進撃となる。そのきっかけは、なんといっても安政六（一八五九）年の横浜開港だろう。すなわち、いよいよここから欧米列強の大型都市ネズミたちの日本来襲がはじまり、それにともなってネズミ退治要員としての猫の株が一挙に上昇したからだ。

明治新政府は外貨獲得手段として、これまで以上に養蚕を広く一般に広める政策をとり、ネズミ対策として猫を身近に置くことを推奨した。さらに決定打となったのが、欧米型都市ネズミが持ち込んだペストの流行であった。こうして時の衛生局から「広く猫を飼養すべし」との訓令が出されるに至り、猫の数は全国的に一気に拡散拡大されることとなった。

横浜の開港間もない一八六一年に滞在した米国人宣教師のマーガレット・バラは、「日本のおおかたの猫に尻尾がありません。大きくてつやつやと肥えていますが怠惰で、ネズミをとって食べる気はないのです」（『古き日本の瞥見』マーガレット・バラ著、川久保とくお訳、有隣新書）と手紙に書いている。

夏目漱石が『吾輩は猫である』を発表した明治時代は、養蚕とペストの流行によってすっかり猫ブームとなっていたわけだが、恐らくは思うようにネズミを捕らないので失望される猫の数も相当なものであったろう。その代わり、ちゃっかり魚をくわえて逃走する猫の出現も増加していったはずである。

こうして今ここに、「日本ドラ猫時代」の夜明けが訪れたのであった。

第六章

明治から平成へ

～ニッポン猫陣地変遷史

猫お気に入りの居場所の条件

猫とはとにかく「居場所」にこだわる動物である。

お気に入りの居場所を幾つも確保し、決して一つの居場所に留まることなく、気分次第で居場所を転々と移動しながら日を送るのだ。猫が確保する居場所とは、猫の生活の拠点となる固有の「陣地」であり、陣地は多ければ多いほど狩りに有利なのはいうまでもない。そこで猫は日々新しい陣地を開拓するべく、なわばり内の変化に常に気を配っている。定期的になわばり内をパトロールして回り、狩り場の状況を日々最新バージョンに更新すること。それは自然本来の狩りを成功させるためにも、なくてはならぬものであったわけなのだ。

猫のお気に入りの陣地となる居場所には、いくつかの条件がある。まずは身を隠すのに最適な「箱形」の場所。これは獲物を待つにも狙うのにも適しており、猫本来の巣が樹木の洞（ほら）の中や岩場の穴であったことから、猫が最も心理的に落ち着ける空間であるからである。

そして第二の条件は「高所」ということ。高い場所もまた獲物の動向を見張るのに適しているからだが、高さは猫同士の力関係、優劣の順位にも深く関わっている。猫がライバル関係の他の猫と相対した時、どういうわけか高い場所に陣取っている猫のほうが優位に立てるという掟がある。だから少しでも高いところに陣取ったほうが、猫は安心してくつろいでいられるのだ。

さらに重要な条件が「快適さ」である。猫の体温は三八度ほどだが、一日中一定ではなく、朝は夕方より〇・五度も低くなる。体温がそれだけ変わるということは「暑い、寒い」の感じ方も大きく変わるということで、猫は体質的に何かと体温調節の必要にセマラれる動物なのだ。

体温調節の第一は「寝相」に現れている。宇多天皇が最初に観察日記に記した通り、猫は寒ければ寒いほど、しっかりと玉のように丸くなって寝る。こうやって腹をきつく中に抱え込んだほうが体温の省エネになるらしい。そして、温度が高くなるにつれて丸い玉が緩んでゆき、暑い季節には体を冷やすようにダラーっと伸ばした横倒しの寝ポーズとなるのだ。

そして体温調節の第二として重要になるのが「場所そのもの」。すなわち常にその時最適な場所へと移動を繰り返す。だから猫は、コロコロと居場所、寝場所を変えたがるわけで、数多くの陣地を確保しておくことが極めて重要なことなのだ。

だから猫は常になわばり内をパトロールして、新しい何かを発見したならすかさずチェックして自分の「陣地」に変えてしまう。それは極めて自然な本能に違いないはずなのだが、人間と一緒の暮らしはあまりに変化がありすぎた。それをいちいち持ち前の好奇心で陣地化しているうちに、どんどんとおかしな性癖となって猫の身に纏い付くようになってしまったのだ。

猫は新しい何かを発見したなら、とりあえず「乗れるかどうか」を試してみずにはいられないようになり、目新しい袋や箱状の物があったら、必ずや中に入って確認してみるようになってしまった。その「新しい何か」のバリエーションは無限に増えてゆき、ともに暮らす飼い主たちを驚かせ、時に笑わせ、怒らせる。

初めは人の魚を奪って追いかけられるだけの猫の「ドラ化現象」であったが、次第に猫の他の本能にまで及んで、次々とドラ化をエスカレートさせてゆくこととなるのだ。

「昔の飼い猫たち」の居場所はどこだったのか

さて、本書のここまでのところでは猫の歴史的なあれこれを、私の知る限りの面白い話を中心にご紹介してきたわけだが、正直に申せば私は未だに昔の猫の実際のところはまるでわかっていないのだ。

歴史に残る昔の猫の何がわからないのか。それは、昔々の猫とはいえ、必ずや今どきの猫と同一であったはずの「お気に入りの陣地」の法則だ。

昔々の猫たちは、どこで寝て、どこで顔を洗い、どこで糞埋めをして、どこで爪を研いでいたのか？　その肝心の猫の生活現場の状況が残された記録はほとんど見当たらず、その当時の猫たちの具体的な生活イメージがどうにも湧いてこないのだ。そもそも、イエネコ発祥の地が古代エジプトであることは重々承知しているのだが、いざ古代エジプトでの猫の生活をイメージしようとしても、具体的には皆目見当がつかない。エジプトって、猫には暑すぎて大変だったんじゃないだろうか……。

当時の気候は今と違ってもう少し湿気もあって実は草原であったともいわれているのだが、日本での猫の生活ぶりを知りすぎている身としては、決して猫が暮らしやすい環境であったとは思えないのだ。古代エジプトの住居史料を見ても、猫が気に入りそうな居場所が設けられるとも思えず、爪一つ研ぐ場所にも難儀しそうに思えてしまうのだ。

これが中世ヨーロッパ時代となると、エジプトよりはだいぶイメージしやすくなるのだが、我が国日本の江戸時代以前の猫の暮らしぶりを想像しようとすると、逆に昔の西洋よりも難しいことに気付いて、我ながらビックリしてしまうのだ。

日本は四季の巡る国。季節ごとの寒暖差が大きい環境にあるわけで、昔の日本人の基本スタンスは『徒然草』（第五五段）で吉田兼好が語っていたその通り。

「家の作りやうは、夏をむねとすべし。冬はいかなる所にも住まる。暑き比(ころ)わろき住居は、堪へがたき事なり」

つまりは、冬は根性で我慢しとけば何とかしのげるんだから、夏の暑さ対策をまず考えろ、というわけで、実際に平安貴族が暮らしていた寝殿造りはまさにその通りの作りとなっていた。

ところがどうにもこうにも、この全面開放型でただ御簾(みす)などで仕切っただけの間取りでは、冬の寒さは相当に過酷であったと思われるのだ。それがため、まるで厚手の寝具一式をしょい込んでいるが如し「十二単(じゅうにひとえ)」が生まれたのであろうが、このような平安貴族の生活現場の、どこに猫の居場所があったのか？

何しろ猫の好きそうな「乗っかり場」、ちょいとした高さのある、台や机や箪笥の類がまだ一切存在しておらず、身を隠して落ち着けそうな箱型、角っこ場所がどこにも見当たらないのだ。

猫が居そうな居場所はどこだ。よくよく探してみたら、ただ一つ、開放した時の「蔀戸（しとみど）」の上というのがあった。屋根のすぐ下にあるものならちょうど手頃な狭さの猫のくつろぎ場所になりそうなのだが、高さがかなりありそうで、ダイレクトに飛び乗れたのかどうか。

こうやって考えてみると、やっぱり猫の居場所はどこにもなかったように思え、猫がどうにもうまく落ち着かないので、それで仕方なく紐で繋いでいたようにも思えてくる。この件については今後も新しい状況証拠が見つかるとも思えず、タイムスリップでもしない限りは真相を知りようがないのであった。

猫の居場所の定番第一号は竈の中

日本の猫の最も古い居場所の定番は、恐らくは火を落とした後の竈（かまど）だ。竈に入り込む猫はさぞかし多かったようで、竈の灰をまとって薄汚れた猫のことを指す「灰猫」「竈猫」が冬の季語にもなっている。竈はちょうど本来の巣穴と同じ箱型空間であり、何より寒い季節にはほっかほかの快適空間でもある。まさに猫が好む陣地の条件にピタリと一致するのだ。

竈はいつ頃から猫の陣地と化したのだろうか。竈は「へつい」、あるいは「へっつい」とも呼ばれる。松尾芭蕉の句に「猫の妻へついの崩れより通ひけり」というのがあることは第五章で述べたが、この句は『伊勢物語』の中の「通い路の関守」のパロディであり、平安時代の歌人・在原業平（ありわらのなりひら）が恋い焦がれる相手のもとに正門から通うことができず、子供たちが踏み開けた築地（ついぢ）の崩れたところから出入りしていたという話を、竈を居場所とする猫に置き換えたものだ。

竈の歴史は古く、石器時代にすでに原型の痕跡が見られ、弥生時代から古墳時代に工夫がなされて、奈良・平安時代には全国的に普及していたらしい。だが猫が竈に居ついていたらしいという状況証拠はこの芭蕉の句が最も古いようで、巷の猫がこぞって竈に入るようになったのは江戸時代の中期から後期になってからのようだ。

その理由の一つには、竈にくべる燃料が薪か木炭か、この違いによるのではないかと思われる。恐らくは猫が好んで入った竈は木炭に限られただろう。薪の竈では鎮火後のキナ臭さを猫は嫌うはずで、黒こげの燃えカスが残る灰ではゴツゴツしてさぞかし居心地悪かろうと思われるからだ。竈と似たような構造であっても、必ず薪が使われる暖炉の穴に猫が入ったという話は皆無なのがその証拠である。

猫は燃え尽きた木炭の温もりを求めて竈の中へと忍び込み、柔らかい灰にくるまれては至極を味わう。そして今日もまた、明日もまた、心ゆくまで灰だらけになっていたのであった。

今はなき冬場の猫の定番陣地

温かさを求める冬場の飼い猫の居場所というと、実は竈よりもっと古く、今現在も現役で使われ続けている定番中の定番がある。

それは人の体に乗っかって暖を取ることだ。中でも最も利用されやすいのが膝の上。胡坐をかいた腿の上なら、ちょうど巣穴的な卵型にすっぽり丸まって収まるので、なおさら具合がいい。

いきなり乗ると邪魔にされてすぐに降ろされやすいことも学習済みで、ここは狩りで獲物に近づく時の方法が応用される場合が多い。一歩、一歩、ソロソロと少しずつ乗っていくという「人に気付かれずに膝に乗る方法」だ。そんな乗り方をしても気付かないわけないマヌケな「ドラ化行動」の代表的な一つであるが、飼い主もまた「ちょっと重いけど温かいからいいや」と許してしまうことが多いのも猫は学習済みなのだ。

その昔は、人もまた猫を火鉢や行火（あんか）代わりに利用していた。それで、小さな手あぶり用の火鉢が「猫火鉢」と呼ばれるそうなのだが、これを命名したのは室町時代の禅僧らしい。

室町時代の禅僧にはなぜか猫好きが多く、たとえば一五世紀の桃源瑞仙（とうげんずいせん）は、膝の上に乗った猫が舌の櫛で毛づくろいをしたり、手を舐めて顔を洗う様を詩句に書き残したりもしている。

日本の炬燵は禅僧が中国から持ち帰った「行火」にはじまり、室町時代に囲炉裏の上に櫓を組んだ「掘り炬燵」が発明された。恐らくは禅僧とともに寺暮らしをしていた猫たちは、その頃から炬燵にかけられた布団の上でぬくぬくと丸くなっていたことだろう。

江戸時代中期には囲炉裏の代わりに火鉢を用いた「置き炬燵」が広まった。それは囲炉裏の炬燵と違ってどこにでも移動可能であったので、「猫は炬燵で丸くなる」光景がそこかしこで見られるようになったのであった。

日本の古典的な暖房様式は、奈良時代に炭を燃やしたことにはじまり、平安時代には火鉢の原型となった「火桶」なるものが宮中で使われていたことが『枕草子』などに記録されている。それならば火桶の傍らには当時の猫たちが集まっていたに違いないのだが、そのような記述は見られない。

その後も火鉢は主に上流の公家や武家で使われ続け、江戸時代から明治にかけてようやく庶民にも広く普及した。その頃の庶民の間で主流となっていたのが、引き出し付きで横長の「長火鉢」。そして、この長火鉢の横の引き出し部分の上こそが、その当時の「猫の居場所」の定番中の定番であったというのだ。

よくよく考えてみれば、それは当然のことだと推測がつく。なによりその傍らで火が熾っているので冬に快適で、適当な高さの台の上という、まさに猫の好む陣地の条件が満たされているからだ。ちなみに、長火鉢の引き出し部分に乗せる板のことを「猫板」というそうだ。

平安時代の「火桶」以降、火鉢は外側が木製で中が金属製であったが、明治時代に私も知っている陶器製の火鉢が発明されて、それで長火鉢は廃れていったのだという。

長火鉢が現役であったなら、必ずや味わい深い猫の寝姿が今も見られたはずで、そう思うとちょっと残念なのであった。

引き戸を開けてはじまった「ドラ猫への第一歩」

日本では、人の魚を悪賢く盗んでは逃走するような太々しい猫を「ドラ猫」と呼んでいたわけだが、他の国にはドラ猫に相当するような言葉はなぜかどこにもない。ネズミを狩らずに人の食物を欲しがるような猫はどこの国にもいたはずなのだが、「ドラ猫」という概念というか、ドラ的なキャラクター、ドラ猫文化が国民的に認知され浸透している国は日本だけなのだ。

なぜ日本の猫だけがドラと化したのかといえば、明治維新以後、大正、昭和に至るまで日々刻々と変化する生活環境が、猫の持ち前の好奇心と学習能力に火をつけて、本来持っていた「新しい陣地を獲得してなわばりを拡大したい本能」を刺激し続けたのも大きな要因だと思われる。なわばり内を日々パトロールする本能があるのはどこに住む猫でも同じだが、目立った変化が乏しければ猫たちも変わりようがない。日本の猫は急速に近代化、和洋折衷化していった混迷の時代の波にうまく乗り、自らも急速にドラ猫化していったというわけなのだ。

日本の猫の「なわばり拡大陣地獲得本能」に最初に火をつけたのは、日本独特の「和の建具」にあると思われる。

日本の建具は、西洋のそれとはまったく異なり、曖昧に空間を仕切るために存在しているという。それは日本だけの独特の空間であり、この「空間感覚」は西洋には存在しない。日本人は、古来からその空間に囲まれて生活してきたというのだ。

平安時代の寝殿造りでは、大きな空間を御簾や几帳（きちょう）（T字型の柱に薄絹を下げた間仕切りの一種）で極めて曖昧に仕切るのみであった。出入口は妻戸と呼ばれる開き戸。飛鳥時代に中国から「唐戸（からど）」が輸入されて以来、日本の家屋の出入口も開き戸が採用されていたのだが、この後に「敷居」という革命的な発明がなされる。御簾や几帳は横滑りで簡単に開け閉めできる「襖」や「障子」に代わり、曖昧な空間性を保ったままに個別の「部屋」をつくり出してみせたのだ。そして外部への出入口も、開き戸から横滑りの「引き戸」へとシフトチェンジした。

これら横滑りの「引違い」による曖昧な空間演出こそが「和の建具」の文化であり、それがピタリと猫のドラ化本能にハマってしまったのだ。

化け猫の定番は襖や障子を開けて部屋に入り、行燈の油を舐めることにはじまる。日本の猫は「なわばり陣地拡大本能」によって、襖、障子、引き戸を自分で開けて出入りすることを覚えてしまった。人の開け閉めを観察学習した結果であろうが、それは「引違い」という方式だからこそ容易だったのだ。引違いは猫パンチと同じ方向動線であり、もともと猫はこの方向の腕力があったからだ。

自分の意志によって自由に出入りできるということは、それだけなわばりと陣地を拡大して自由に勝手気ままができるということであり、挙句の果てにはヨソのお宅に忍び込んで魚を盗み出すこともできてしまう。まさにドラ猫への道の第一歩であったのだ。

ドラ猫活動の拠点は「床下空間」

明治維新以降の日本の環境は、猫たちを生き生きワクワクさせるような「装置」に満ちていた。猫たちのドラ活動の拠点となっていた装置が「民家の床下」という空間であった。

床下は身を隠したがる猫の習性にピッタリで、適度な箱型装置が複合されている。雨風をしのげる自然の洞代わりに野良猫が生活の中心地として住み着いてしまうほか、普段は「世を忍ぶ仮の飼い猫」を装う猫たちも、こっそりドラやって盗んだ魚をゆっくり平らげる場所として利用するなど、使い方は無限であった。

産室、子育て場所としても最適で、一時の猫のほとんどはすべて床下生まれであったといっても過言ではないほどだ。猫の母親は子猫をくわえて適度に引越しながら育てるものなので、ヨソで産んだ子猫を床下に次々運び入れて、家族ぐるみ住み着いてしまうケースも一般的であった。

日本家屋の床下という空間は平安時代の「寝殿造り」から存在していたが、平安京の宮廷の床下は荒ぶる犬たちの住処であったので、猫が入り込む隙はほとんどなかったと思われる。室町時代以降は「書院造り」が発展していったが、それは武家の上層者が権威を示すための建築であった。城下町の家臣たちが住む「町屋」「侍屋敷」にも床はつくられていたが、一般庶民は土間に竈か囲炉裏をつくって、床に敷いたむしろの上で生活するような暮らし方が江戸時代の中頃まで続いていたのだ。

それが明治時代になってからは建築に関する封建的な規制も全廃されたので、誰でも一応は資力に応じて好きなように住宅をつくれるようになり、「床下空間のある家」が桁外れに増えてゆくこととなったのだ。

それと同時に、当面の天敵でありライバルであった荒ぶる犬たちが淘汰されていったことも大きい。登録された「飼い犬」以外のおびただしい数の「里犬」「町犬」たちは、すべて「無主の犬」として排除されるようになったからだ。

長年の習慣はすぐには変わらず、「野良犬」と呼ばれるようになった無主の犬たちとの「床下の覇権争い」が当面は続いていた。それでも着実に増加する新たな「猫陣地」を広げながら、猫たちは太々しくドラ活動を活発化させてゆくのであった。

猫は「踊り場ジャンプ移動」で高みを目指す

家屋の床下を拠点とした猫たちが進出した次なる場所は、床下の真上。「民家の屋根裏」であった。だがこの場所については、猫たちが自ら屋根裏に入りたがった以前に、人間側が積極的に屋根裏へ猫をのぼらせようとしていた地域もあるようだ。

なぜならば、明治維新の横浜開港以降、ヨーロッパ由来の都会型クマネズミがついに日本にも上陸し、続々と日本各地に広がっていったからだ。国産クマネズミは江戸時代には「田ネズミ」と呼ばれていて、いまだ「イエネズミ」の本領を発揮していなかった。だがここから先の日本のクマネズミたちは、ちょっとした柱でもロープでもなんでも器用につたいのぼって、またたく間に高い場所に巣をつくって生息してしまう能力をいかんなく発揮して、日本の屋根裏天井裏を席捲してゆく。

クマネズミに自宅の屋根裏を占領されては誰だっていい気はしないが、特にこれに困ったのは全国の養蚕農家であった。江戸時代から推進されるようになった日本の養蚕業は、明治時代にさらに発展し、フランス式の最新機械が導入された群馬県富岡製糸場をはじめ、近代的な製糸工場が続々と各地に建設されて、最盛期の一九三〇年代には、農家の四〇パーセントで養蚕が行われるまでになったのだ。

農家が養蚕を行う場合、そのほとんどが屋根裏を養蚕部屋にして蚕を育てていた。そこへネズミが、それも江戸時代に蚕を狙っていたハツカネズミよりさらに強大なクマネズミが、屋根裏の養蚕部屋までのぼってきて繭を貪り食わんとするのだからたまったもんじゃない。そこで猫の出番となったわけである。

全国の養蚕農家ではこぞってネズミ対策要員としての猫を身近に置くようになったが、もうすでにドラ化がはじまっていた猫のこと、どの猫でも期待通りにネズミ退治の結果を出せるわけでもない。そもそも猫が屋根裏までのぼれる環境が整っていることが肝心なのだ。

猫は高い場所が好きで、それで屋根裏天井裏が代表的な陣地になっていくのだが、それは「猫の三角形ジャンプ移動」が可能な場合だけに限られる。平屋の屋根であっても、ダイレクトに屋根の上まで飛びつくのはかなり困難である。そこで猫はどうするか。たとえば、まず手近な木にのぼり、枝の上から狙いをつけて軒に飛び移り、そこから屋根へとのぼる――というように三角形を描いて少しずつ段階を踏んでのぼるという手順をとる。木じゃなくて板塀だったり、納屋の屋根を合間に挟んだり、それは環境によってまちまちだが、猫はダイレクトにのぼれない場所でも、いわゆる「踊り場」を設けて、三角ジャンプで少しずつ高い場所にステップアップして飛び移っていくことが得意なわけなのだ。

私はアニメ『ジャングル大帝』のエンディングの一場面を見るたびに、猫（ライオン）の「踊り場三角ジャンプ移動」の特徴が良く描かれている、と感心していた。現在でも西武ライオンズの応援テーマとして有名な弘田三枝子の『レオのうた』に乗せて、レオが枝から枝へと三角形にジャンプしながら、上へ上へと進んでいくシーンだ。このシーンの演出は、実際にライオンを観察する機会はそうそうないので、手塚治虫本人、あるいはスタッフの中でも猫好きで知られた永島慎二あたりが、猫の様子を観察して描いたのではないかと推測される次第。

さて、そんなふうにして猫は高い場所へと移動していくわけだが、三角ジャンプが不可能で猫がのぼりにくい屋根裏にいるネズミを退治させたい場合、地方によっては竹に荒縄を巻き付けたものを猫専用の梯子として屋根裏へ立てかけたりもしていた。だから、その竹荒縄梯子を「猫のぼり」というのだそうだ。

こうして屋根裏へと侵入することを覚えた猫たちは、ネズミの生息に関係なく天井裏に忍び込んでは陣地として活用するようになった。梅崎春生の小説『カロ三代』に登場する三代目カロの如く、天井から足だけぶらさげて死んでしまったり、家族そろっての食事時、突然の大騒音とともに猫が天井もろともお膳の上に落下してきてぶったまげたというような、そんな悲惨でマヌケな話も生まれた。大正から昭和の中頃までは、こんな猫珍事もけっこう「あったあった！」なのだろう。

猫地図とは「高さ」と見つけたり――向田邦子

猫は三角形ジャンプ移動を駆使して、縦横無尽な高低差の世界に生きている。その猫が見ている世界が知りたくて、じっと猫を観察して猫の視点を自ら再現したという天才的な方がいる。日本のドラマ作家の草分け・向田邦子さんである。

向田邦子さんは私の親父・沼田陽一とたいへん親しくさせて頂いていた友人であった。知り合ったきっかけは『家庭画報』（世界文化社）一九七五年七月号の、「たかがペットといってくれるな！」と題された、神吉拓郎（かんきたくろう）さんを交えた三人対談が最初と思われる。

親父は終戦後の池袋でエアデールテリアが活躍する連作『コメディアン犬舎の友情』が発行される直前で、向田さんは『寺内貫太郎一家』の第二シーズン放送中の時であった。親父が犬派代表で、当時ペルシャネコとシャムネコの原種であるコラットを飼っていた向田さんが猫派代表という主旨であるが、親父のこの種の企画ではいつもそうであったように、「実はうちには猫もいるんです。犬は好きだけど猫は嫌いっていう愛犬家は、あんまり信用しないんですよ」という話でのっけから盛り上がってしまう。

この中で向田邦子さんは、当時は他の誰もまだ気付いてなかったような、問題にすらしていなかったような猫についてのある鋭い観察結果を披露している。それが猫の暮らしている世界の「高低差」についての論考なのだ。これは『向田邦子全対談』などにも収められていない極めてレアな文献となるので、僭越ながらここにご紹介させて頂くこととする。

向田邦子さんは、猫の見ている世界を知り、猫の気持ちがわかりたくて、ある時猫の視点、すなわち床上二〇センチあたりまで頭を下げて、そこからの世界を眺めながら歩いてみたことがあるという。歩けるわけがないから這いつくばって進んだのだろうか。すると、世の中がまったく違って見えることに大いに驚き感激したというのだ。あるテレビ番組で犬の視点から成る「犬地図」を描いた人を見たことがあったが、それは人間の市街地図とはまるで違った興味深いものであった。そして、これが「猫地図」であったならどのようなものになるのか、それを知りたくて猫の視点から猫の生活を追体験してわかったこと。それが「高低差」の重要性であった。「猫の市街地図」の人間とも犬とも違うポイントは「高さ」にあり――そう達観したというわけなのだ。

この鋭い観察には、さすが天才・向田邦子！　と唸ってしまった。

この対談が発表された当時の私は高校二年生。そして、この記事を発掘して読み返して唸ってしまったのは親父が亡くなって二年後の一九九九年のことであった。その頃から私自身の日常の猫観察の中にも、この向田流の「高さが重要な猫の生活地図とは？」という課題が重要となっていったようだ。そして私なりの観察と熟考を繰り返してわかってきたこと。それが前述の「猫の三角形踊り場ジャンプ移動の法則」であった。

そして、その三角ジャンプ移動をする猫の屋外生活を支えた最重要アイテム、それは「塀」ではないか――そう気付くに至ったのであった。

メソポタミア発祥の猫とレンガが奇跡の再会

猫の屋外活動において極めて重要な要素が「塀」の存在である。

塀があれば塀の上にまず乗ってから屋根などへも飛び移れるし、ふいに犬に襲われるなどした際に、塀を駆けのぼって内側へ逃げ込んだりもできるからだ。その昔は貴族や武家屋敷以外には設置されなかった塀が一般化したことで、猫たちはより活動しやすい環境を得られたのだ。

猫は三半規管の発達によるバランス感覚に優れているので、高い場所での活動がたいへん得意である。板を垂直に立てただけの細い板塀の上でも、ひょいひょいと足指で板を握るようにして強引に歩いてしまえるのだから、上部に水平の板が取り付けられた塀ならば余裕である。猫は喜んで板塀の上を歩き回り、くつろぎ場として日向ぼっこの陣地にしたりもできるのだ。

そうした中で、猫はあの懐かしい同期生に再び出会うこととなった。同じ紀元前四〇〇〇年生まれの「メソポタミア文明一期生」として、ともに「古代エジプト時代」を熱く駆け抜けた大切な仲間。古代エジプト卒業後も同じフェニキアの商人の手によって全世界に向けて旅立っていった、あの「レンガ組積造」がようやく日本デビューを飾り活動を本格化させたのであった。

レンガ組積造は、前述のように東京駅丸の内口駅舎の辰野金吾、横浜赤レンガ倉庫の妻木頼黄ら日本の建築家の草分けたちの手によって、次々と近代的な大規模建築を生み出し、オシャレな「レンガ塀」が街を彩りはじめた。「レンガ塀」は板塀より幅が安定して歩きやすく、猫にとっては板塀よりさらに使い勝手が良かったようだ。陣地として猫がまったり居座っている姿は景観的にもなぜか実に収まりがいい。これぞまさに「初期メンバーの絆」のなせる業であったのだ。

当時つくられたレンガ塀で今なお現存するものもあるが、残念ながら板塀のように全国そこかしこの民家の塀になるほどまでには広がらなかった。レンガ造りの建造物は関東大震災でその多くが倒壊したのをきっかけに、構造的な強化を余儀なくされ、やがては戦火の足音が近づいて生活の質素化が図られる中では、民家の塀は簡素な板塀を建てるのが精一杯であったのかもしれない。

そして第二次世界大戦後のすべてが燃え尽きた焼け野原。「初期メンの絆」で結ばれた「猫」と「組積造」は三度出会い、新たなるユニットを組むこととなった。

だがこの時の組積造は仕様が違っていた。戦後の焼け野原をより簡易に、高い不燃性をもって復興させるため、戦勝国アメリカから新建材の製造技術が導入されたのだ。新たなる建材「ブロックレンガ」。またの名を「セメントレンガ」とも「コンクリートブロック」とも呼ぶ。このコンクリートによって復興のきっかけを摑んだ日本は、ここから高度経済成長の道を突き進むこととなる。

そして、装いも新たに生まれ変わったコンクリート製ブロックレンガによる組積造。その名も「ブロック塀」の登場が日本の猫の屋外生活に革命をもたらし、その黄金時代を迎えることとなったのだ。

ブロック塀は猫たちの「首都高環状線」

ブロック塀は板塀やレンガ塀をはるかに凌ぐ、猫にとってはまさに究極のアイテムであった。どこが素晴らしいといって、爪が引っ掛かる素材なので飛びのぼりやすく、上部の幅も板やレンガよりもやや広めなので申し分ない。滑りにくいうえに爪も引っ掛かるので、これならすっ飛んで走っても落下の心配はほぼない。

猫は実に我が物顔でブロック塀の上を闊歩する。不思議なことに猫がこんなにもまっすぐ一直線に歩くのは、唯一ブロック塀に限られるのではないだろうか。

ブロック塀は積み上げる個数によって高さを調整できるという簡易さから、敷地を隔てる壁として多用されてきた。その結果ブロック塀はどんどん繋がっていき、近隣の隣接するブロック塀からブロック塀へと渡っていくだけで、猫たちは効率よくなわばりを拡大させることができ、またパトロールによる管理も容易なものとなっていったのだ。

猫はブロック塀を渡って目的地に向かい、ブロック塀から屋根へ、あるいは樹木と軒を経由して隣のブロック塀へ。一旦降りて水道管の脇を通って穴をくぐり、ゴミ箱の上を経由して再びこちらのブロック塀の上へ——というように、特に住宅密集地ともなれば、まさにブロック塀は猫用の高速道路環状線であったのだ。

猫はそれぞれに自分の陣地をいくつも保有し、陣地を獲得してゆく過程で「専用道」を同時に決めてゆく。これは不思議なことだが、どういうわけか猫は道なき場所にも道をつくり、その自分の道にこだわってしまうのだ。よく、白線の上だけを歩こうとする子供（時に大人でも）がいるが、あのような心理なのだろうか。

その「自分専用の道」の多くにブロック塀の上が設定されているわけだが、その近隣に他にも猫がいるならば、必ずやその猫たちも同じブロック塀を自分の道として使用せざるをえない。時にブロック塀の角を曲がったら他の猫と鉢合わせになり、たちまち「クワワァ〜」と激しい威嚇合戦が巻き起こったりもするわけだが、そんな時すぐさま塀から降りてしまうのはよっぽど弱い奴。

猫はどういうわけか「高い位置にいるほうが優位」という厳然たる掟があるので、隙あらば高い場所に陣取って「上から目線」で優位に立とうとする。そんな時、普段はのぼったことのない幅の狭い軒に飛び移ってしまったり、勢いで高くのぼりすぎて降りられなくなったりというマヌケな失敗を演じてしまうこともあるのだ。

ブロック塀のある住宅密集地には、猫が好む「高低差」と「箱型の物陰」があり、その時々の最適な気温である場所を見つけやすいという利点もあった。それはまるで人工的な「故郷の森」、突然降ってわいたように誕生した「ドラ猫パラダイス」であったのだ。

日本猫の黄金時代を彩った日本家屋の構成要素

「床下」があって、「天井裏」がある日本家屋。

「木戸」も「玄関」も出入口は横滑りの引き戸式。

部屋を隔てるのは上の「鴨居」と下の「敷居」からなる「障子」と「襖」。

「畳敷き」の部屋に置かれているのは「箪笥」「戸棚」「鏡台」などの家財道具たち。

「雨戸」を開ければ「縁」があり、床下へと続く「縁の下」がある。縁の上には「軒」があり、玄関と「窓」の上には「庇（ひさし）」がある。

そして、家の敷地は「塀」で仕切られている。

――これら日本家屋の構成要素は、四季のある日本の気候風土とも相まって、猫の「生活空間」と「生活動線」に実に相性よく機能した。日本家屋は明治、大正、昭和、そして戦後高度経済成長時代と、次第に和洋折衷化の度合いを高めながら成長発展してきたが、基本的な構成要素は変わることなく存続され、猫たちの生活は安泰であった。次々と現れる暖房器具や家財道具の新製品は、猫たちの生活を彩りよく変化させ、たとえば電気掃除機の騒音に恐怖し、自動洗濯機の回転に魅了され、保温式電子ジャーには温かいから乗ってみる、というように、猫とその同居人たちに驚きと笑いを提供してくれたのであった。

それはまさに日本猫の黄金時代であり、「ドラ猫パラダイス」の時代であったのだ。だがそれが黄金時代でありパラダイスであったとわかったのは、皮肉にもそれが忽然と消え去ってしまった後なのだ。

戦後から少しずつシャムやペルシャが流入していたが、昭和の終わりから平成にかけてのバブル期以降にドドッと多種多様な純血種猫たちとの混血化が加速し、二〇世紀の終わりとともに日本猫の純粋な血統はほぼすべて終焉を迎えてしまった。「ノストラダムスの大予言」というのは日本猫の滅亡をうたっていたのであろうか。現存する日本猫と称されている猫たちは、たまたまそのように見えているだけで、血の繋がり的にはもう完全に別系統なのだ。

そして時を同じくして、徐々に進行していた日本家屋のパラダイムシフトが一気に加速した。木戸の脇の門柱にいた猫は、陽の当たる庇の上へと飛び移り、ゆっくりとあくびすると静かに身を沈め、そして穏やかな眠りへと落ちてゆく……。

それは、日常よく見かけた、あまりにも当たり前で、ごくありふれた光景に過ぎなかったはずだ。だがその五、六〇年間続いていた「当たり前」、これからもずっと永久に続くかに思われていた「当たり前」も、諸行無常の風に抗うことは決して敵わないのであった。

江戸時代から連綿と続いてきた日本の猫の平和で幸せでマヌケな日常が、今まさに儚(はかな)くも消え去ろうとしているのだ。

塀なき街の懲りない面々

最初に街角で見かける猫の様子に違和感を覚えたのはいつ頃であったろうか。相対的に猫の居場所が低くなっているように感じたのだ。

通りの脇の電柱の横になぜかぼんやり座っていたり、のそのそと通りを普通に歩いていたりする。通りを普通に歩いているなら、それは普通のことだと思われるかもしれない。他の地域や別の場所であったらそうだろう。だがそれ以前にはその通りで猫が普通に歩いているのを見かけなかったから、それで私は違和感を抱いてしまったのだ。

では猫はどこを歩いていたのか。ここらへんだったら、下じゃなくてブロック塀の上を歩いていたはずだ。なぜ上を歩くのをやめたのか。よく観察したらそれは当たり前のことであった。その先の通りの一角にあった大きなお屋敷が、取り壊されて工事中であったのだ。猫はブロック塀を渡ってお屋敷の庭へ降りたり、適当なところで軒に飛び移ったりしていたのだろう。今はブロック塀を歩いても目的地には行けないとわかっているから、仕方なく歩き慣れない下の道を歩いていたわけなのであった。

妙にそぐわない低い位置にたたずむ猫たち。なぜか道端で所在なさげにしている猫たちは、ふいに自分のなわばり地域を破壊されて行き場を失った猫たちなのだとわかったが、その後あちこちで似たような猫の姿を見かけるようになっていった。

古い民家がどんどん建て替えられて、大きなお屋敷が幾つも取り壊された。その跡地にはマンションや介護施設が建ったりした。一軒のお屋敷だった土地に、一階がガレージの細い三階建て縦型住宅が、何軒もびっしりと建てられた。こうして、街並みの様子が一変してしまったのだ。

いったいいつ頃から日本の新築家屋の有様は今のようになってしまったのだろう。

古い家屋は通りを隔てていたブロック塀ごと取り壊され、新築物件は通りから剝き出しである。部分的にブロック塀が残っていても、「猫道」としてはもう使えない。新築家屋には塀から飛び移れるような軒も庇もなく、ドアは重い鉄扉。猫たちが大好きだった日本家屋の構成要素はすべて失われ、「踊り場ジャンプ移動」は完全に封印されてしまった。かくして猫は仕方なく、ただ普通に真面目に道や地面を歩くようになってしまったのだ。

今では人通りの多い商店街を何食わぬ顔で歩いている猫もいる。こうした猫は、テレビ『岩合光昭の世界ネコ歩き』では見かけるが、日本の私の地元では以前だったらありえないことであった。猫はダッと塀から飛び降りてきたと思ったらダダッと人の波を抜けて道を渡り、またダッと反対側の塀をのぼったりして、いずこかへ消え去るのが相場だったのだ。

こうした住宅環境の激変にもともなって、なおさら完全室内飼いが推奨されるようになり、街中で猫を見かける機会はどんどん減りつつある。

今でも時々ブロック塀の上に居る猫を見かけることはある。それは「陣地」には違いないのだが、もうかつてのような猫道としては機能しない。「分断された廃道の一部」を、日向ぼっこなどの単なる「乗っかり場」として利用しているにすぎないのだ。

かくいう私も、昭和二〇年代終わりに建てられた築五〇年の家を、二〇〇〇年に建て替えている。後から犬舎や風呂場や二階部屋を無作為に建て増しした奇妙奇天烈な家が姿を消し、基本構造からしてまるで違う四角四面の箱型家屋を、敷地の中央にボン！と置いたような按配になってしまった。

すると、これまでは家屋に隠れて観察確認不可能であったブロック塀が突然、露わになったのだ。もちろん取り壊した部分もあるのだが、近隣の住宅に沿ったブロック塀が表と裏の二か所にあり、それがどこからどう繋がっていたのかをすべて見渡せるようになったのだ。

我が家には昔から通いの野良猫がよく来ていたのだが、今現在も数匹の猫が定期的に現れる。その猫がブロック塀を渡って我が家の庭へと降りたり、また反対側のブロック塀の角を曲がって、そこから通りに出入りしている様子などを知ることができた。

このように、猫道として今でも機能しているブロック塀は、たぶんもう希少かと思われる。よく観察しながら街を歩くと、新しめの建物と建物との隙間に古いブロック塀が残されているケースが多いのに驚く。かつてのそれは、たいがい猫たちが渡り歩いた猫道であったと思われるが、今ではもうどこにも行きつく当てのない廃道と化している。

都会に無作為に残されたブロック塀の残骸。それはかつてそこで生き生きと活動していた

「ドラ猫の痕跡」なのだ。

猫の居場所、最新トレンドは「水回り」

昨今の日本住宅の有様は、室内においてもことごとくが「薄型のっぺり化」してしまい、猫にとっては大好きな陣地を設定しにくい、まことに住みにくい環境へと変貌してしまった。ところが意外にも、こういう場合にぐちぐちと不平を言い続けないのが猫の基本スタイルである。猫はこれまで以上に新たな陣地の開発に余念がなく、新たなマヌケを次々とし出かしつつも毎日を楽しく暮らしているのであった。

とにもかくにも「薄型のっぺり化」である。収納は造りつけのクローゼットで済ませろといわんばかりに、従来の簞笥や棚は初めから置きにくい構造になってしまっているため、猫の好むちょっとした高さの箱型の「乗っかり場」がどこにも見当たらないのだ。

仕方なしに、今どきの猫がすぐ飛び乗ってしまう場所の筆頭がキッチン台だというのだから、昭和世代としてはちょっと驚いてしまう。昔よりは広くしっかりして乗りやすくなってはいるが、昭和の時代に台所の流し台の上に猫が乗ったという話は見たことがなければ聞いたこともない。

いや、待てよ。きれいな水が飲みたくて、蛇口がよく締まってない漏れ水目的に乗っかって、蛇口から漏れる水をマヌケに首伸ばしてぴちゃぴちゃやっている猫ならいたかもしれない。とにかく猫は体を濡らすことを嫌うので、水を飲むにも細心の注意を払いながら飲むものだ。水分補給以外に水回りに近づくことはまずなかった。あまりにも他に乗る場所がないので、水回りとの妥協を自分に許したのだろうか。

水回りとの妥協といえば、洗面台もそうだ。今どきの猫のマヌケな「居場所あるある」には、洗面台の中にすっぽり入り込んで丸まって寝る、というのがある。たぶん冷たいので、夏場に限られるだろう。そればかりか、トイレタンクの上の水が出てくる場所に卵型になって納まってしまう猫もいる。形状はいかにも猫が入りたがりそうな陣地の条件に合ってはいるのだが、放水されて水浸しになる可能性が高いというリスクは、もうこの際無視なのだ。

トイレタンクよりも、洋式トイレの便座に乗って佇（たたず）みたがる猫のほうが、たぶんさらに「あるある」に違いない。そのまま本当にトイレとして用を足すようになる猫もいるのだから。カバーが掛けられ電気で温められた便座なら、強引に腹から身を沈めて寝込む猫もいるだろう。さらには閉まった蓋の上、蓋に毛糸のカバーが掛けられているなら、高さも快適さも格好の寝場所陣地となりうる。

快適な蓋の上というと、下からほかほか温もりがくる「風呂蓋の上」もそうだ。

ホントにもう、今や猫の居場所は水回りだけが頼りなのであった。

ドラ魂はハイジャンプに宿る

今どきの猫は、とにかく「高所の乗っかり場」探しに苦労する。とにかく高い場所で落ち着きたいのに他に適当な場所が見当たらない。それでも「陣地獲得本能」は凄まじく、以前の日本家屋では想像すらできなかったような場所を見つけ出しては、なんとか乗ろうと涙ぐましい努力と工夫を繰り返す。

たとえば「エアコンの上」に乗ってしまう猫が近頃は多いのだ。

エアコンと天井の隙間が、ちょうど「箱型」なので陣地の条件にはピッタリだが、ちょっと場所が高すぎるのではないか。そんなところにどうやって猫がのぼれるのか？

まずはハイジャンプだ。最近の猫は「三角形踊り場ジャンプ移動」ができにくい室内で暮らしている場合が多いので、ハイジャンプする機会が昔より格段に増えているのだ。ハイジャンプは、狩りの必要性のために備わった猫の代表的な能力の一つであるが、いったい猫はどれほどの高さまで飛べるのか？

最近の住宅は、以前より天井がかなり高くなっている。その天井近くまで垂直に飛び上がれる猫もいるので、ハイジャンプに限っては昭和のドラ猫たちより能力は格段に上かもしれない。高いところに行きたいのに簞笥や本棚などの踊り場に頼れない今どきの猫たちは、まずはハイジャンプ能力に頼るしかない。

「もっともっと高く！」と何度もジャンプを試みて、ジャンプ力を鍛え、跳び方にも工夫する。ここで再び目覚めるのが「三角形踊り場ジャンプ移動」の本能なのだ。

もはや踊り場にもなりえないところを経由して、強引に三角形を描いては、上へ上へのジャンプを試みる。これぞまさにトライアングル・ドリーマーだ。

ほんのわずかなドアノブの上に足を引っかけたり、ただの壁を蹴って三角に飛んでみたり、場合によってはカーテンに爪を立てて引っかけて、一度カーテンの途中にぶら下がってみたりもする。そうやって天井近くのエアコンへの登頂を、半ば強引に成功させてしまうのだ。

カーテン経由ということでは、細いカーテンレールを強引に指で握りこんでのぼってみたり、部屋のドアの上にこれまた強引にのぼってゆらゆら揺れていたりもする。

ブラウン管時代のテレビは温かく安定した定番の陣地であったが、「薄型のっぺり化」の象徴のような今どきの薄型テレビにも、意地でもあるかのように指に力を入れて強引に乗ってみる。

今どきの猫生活では、ハイジャンプ能力とともに、三半規管によるバランス能力もまた日々鍛えられているようだ。どんなに時代が変われども、猫の「陣地獲得本能」は永遠に不滅なのであった。

「太々しすぎるドラ猫」たちが未来を拓く

「駐車場アクビ猫」は正統派日本猫最後の一匹かも

駐車場のネコはアクビをしながら
今日も一日を過ごしてゆく
何も変わらない 穏やかな街並み
(『夏色』ゆず、作詞作曲・北川悠仁)

この曲を聴くといつも、一九九〇年代後半に頻繁に交流していた駐車場の猫たちのことを思い出す。『夏色』の発売は九八年六月。私は九四年の夏から往来で見かける猫や公園などに集まる野良猫との交流観察をはじめたのだが、九〇年代後半頃は本当に各地の駐車場にはたくさんの猫がいて、のんきにアクビしている光景がよく見られたものなのだ。

ふと思いついて歌詞をそのまま検索してみたら、「お魚くわえたドラ猫」には遠く及ばないものの、それでもかなり大量に「駐車場のネコはアクビをしながら」と題された猫の画像や動画が出てきて、「やっぱりまだいるところにはいるんだな」と思った。

私の観察範囲では、二〇〇〇年代以降のある時から駐車場の猫は急激に減少し、最近ではほとんど見られなくなった。その理由の第一は、多くの駐車場が「コインパーク」に模様替えしてしまったからだ。

駐車している自動車の下は猫にとって好ましい箱型の隠れ場であり、ボンネットの上は乗っかり場となる。だから駐車場は陣地をつくりやすい絶好のなわばり環境なのだ。ただしそれは、あくまで自動車が大人しく駐車していればの話だ。当然のことながら猫は動いている車を怖がる。

かつての月極駐車場などは、車の出入りに一定の法則性があった。案外猫たちはそれを読み取っていたようである。だがコインパークとなるといつ何時車の出入りがあるかわからないのだから、もう安心できる場所ではない。世話人たちの餌やり場にもしにくくなってしまった。かくして「駐車場にまったりと猫が集まる光景」は忽然と消え去ってしまったのだ。

駐車場がコインパークへ替わった時期というのは、従来の日本家屋とブロック塀が急激に減りはじめた時期とも一致している。いつまでも「何も変わらない穏やかな街並み」だと思っていたのに、ふと気付けば街並みがその姿を変えていたのだ。

その一方、私が観察した範囲では、この『夏色』が流行りはじめた一九九八年が従来の特徴ある「日本猫」の最終末期であったと認識している。江戸時代から続いていた日本猫の血脈は、昭和の終戦後から少しずつ洋猫の遺伝子が混入しはじめ、昭和末から平成にかけての九〇年前後バブル期にドドッと様々な純血種が乱入した結果、九八年頃、ついに正統派の日本猫は全滅してしまったのだ。

九九年から急激に猫たちの姿が変わってしまった。シルバーやブルー、日本猫にはないダイリュート遺伝子による毛色が混ざり、腹部などにはオシキャットのようなドット柄の斑点があったり、尻尾の長さが半分だったりねじ曲がったり、顔立ちがペシャンコだったり逆三角形だったりもする。

そして、金色メッシュ混じりのシルバーロン毛猫がボス猫に就任したのを見た時は、本当に世も末と思われたが、ダイリュート遺伝子の乱舞は次第に落ち着いていった。その後再びかつての日本猫のような毛色や柄が復興してきたが、彼らは日本猫ではない。それは初の外国人横綱「曙」去りし後のモンゴル力士勢のようなもの。遠い祖先は同根だし見た目も似ているが民族が異なる「新モンゴル系」とでも呼べそうな猫たちなのだ。

かくして江戸時代から連綿と続いていた日本猫の歴史は、日本家屋とブロック塀の消滅と同時に潰えたのであった。ゆずの『夏色』に登場している「駐車場でアクビしながら一日を過ごしていた猫」こそが、正統派日本猫の最後の一匹であったのかもしれない。

で、話は全然違うのだが、この『夏色』の中盤に出てくる「五時半の夕焼け」というのは夏にしては変じゃないかと思った人が多く、その真相は曲の舞台は夏真っ盛りの頃なのに、制作していたのが三月だったのでついうっかり間違えてしまったというのだ。

それで私も納得した。三月の猫だったら、駐車場で日向ぼっこしながらアクビしている光景も日常的。夏場の猫なら、この時間帯はまだ日影に伸びてぐったりしていて、駐車場に現れるのは涼しくなった夜間になってからなのだ。

ドラ猫の第二ステージは「癒しの達人」

今から思えば日本の猫にとっても大きな分岐点となった一九九九年。それまで一般的にはあまり見聞きしていなかったある言葉が突如として広がり、瞬く間に各分野で多用されるようになってしまった。「癒し」である。

「癒し」という言葉は九〇年代に入った頃からスピリチュアル系（これも後にいわれるようになった用語と思われるが）方面の書籍タイトルなどでは使われていたが、一般的には九九年の坂本龍一のピアノによる栄養ドリンクのCM曲の大ヒットがきっかけかと思う。これによって「癒し（ヒーリング）の音楽（ミュージック）」という言葉が世間に出はじめると、それまでは「安らぎ系」と称されていた女性タレントが「癒し系」といわれるようになって、これが大当たり。飯島直子、優香、本上まなみ、井川遥らが「癒し系アイドル」として続くと、その後あちこちで「癒し系〇〇」「癒し」というキーワードが多用されるようになっていった。日本全国、世間一般に、誰もがお疲れのキビシイ時代が続いていたということなのだ。

かくして、猫もまた「癒しの存在」と認識されるようになり、例によって犬とともに「ペットによる癒し」のダブルセンターを相務める次第となったわけなのだ。

アニマルセラピーと称される「猫の癒し効果」については、かなり前から研究が進んでいる。たとえば、高血圧の猫の飼い主が猫を撫ではじめると血圧が下がる。他の体の各器官系の生理的反応が目立って沈静し、緊張が解けて体全体がリラックスしてゆくことが確認されている。

頭に電極を付けたような実験室ではなく、猫と人との生の生活現場では、猫の行動、仕草、生活態度のことごとくが、ともに暮らす人々の体と心をゆるめ、リラックスさせてくれる。ひとえにそれは、猫がリラックスに長けた「リラックスの達人」であるからだ。

猫はいついかなる時でも、なるべく最大限に力を抜いたリラックス状態を保とうとする。それは一撃必殺の猫流の狩りが、それだけ極度の緊張と集中を要するからであり、狩りを効率よく成功させるためにも、通常は無駄な緊張を一切排してリラックスさせるのが本能なのだ。

長時間眠るのはそのためで、だからこそ猫は一番快適な寝場所を求める。高い場所や物陰を選ぶ理由は、そういった場所のほうがより安心でリラックスできるからだ。そして、ちょっとした緊張が生じた時は、顔洗いや体の毛づくろいですぐさま沈静化させようとする。とにかく猫はいつでも快適、さらにより快適を求めて、安心の境地を万全に保ちたいのだ。

そして、実はこの「猫の安心理論」にもまた際限なく、「ドラ化」が進行している。狩りもしないのに「狩りのために必要なリラックスを得る」という本能だけが暴走してしまう。今どきの飼い主たちを笑わせ、癒し、リラックスさせてくれる猫のありとあらゆるマヌケ行動、「猫あるある」のほとんどすべては、そのように「ドラ化して暴走した脱力本能」によるものなのだ。

摩訶不思議な「猫のハンカチ落とし現象」の謎

「ドラ化した脱力本能」によって常に最大限のリラックス感を得ようとする猫は、猫特有のよくわからん法則による「安心理論」を持っている。「角っこのほうが安心できる」「高い場所のほうがより安心できる」などがそれだ。

これはあくまでもその猫自身が安心できるリラックス法であるので、生まれ育った環境や状況によって著しく個体差がある。たとえば年がら年中何かにベタッと顔を押し付けている猫がたまにいるが、これは兄弟猫たちとともに母親の腹部に包まれて眠っていた子猫時代を再現しているのだろう。ちなみにその当時、母親との連絡ツールであったのが、例のゴロゴロ鳴る喉の音声である。このように、猫の何やら不可解な一連の行動の理由を突き詰めて推理してみると、結局はこの「猫の安心理論」のバリエーションであったということが多いのだ。

そんな不可解極まりない安心理論の一つに、「謎のハンカチ落とし現象」というのがある。部屋に座って何かしていると猫がやってくる。本を読んでいたりすると、その傍らで猫が遊びだす。そんな猫を横目に、意に介さずに本を読み続け、ふと目を上げると猫の姿が忽然と消えている。

「あれ？　どこ行った」と、部屋中をキョロキョロ見回すがどこにもいない。そんな時、「もしゃ」と思って、そっと自分の背後に手を回してみると、必ずや腰元にむにゅっとした生暖かい毛玉の感触がある。猫はいつの間にか背後に回り込んで、ピッタリ寄り添っていたのだ。なんだこりゃ？

この現象を「ハンカチ落とし」と名付けたのは私の母なのだが、すべての猫がやるというものでもない。それでも、「そういえばうちの猫もそんなことあった」と思い当たる人が多いはずだ。この「ハンカチ落とし現象」の理由と意味するところが長いこと謎であったのだが、公園に集まってくる地域猫たちを構うようになってから、これもまた「猫の安心理論」であったと判明したのだ。

「ハンカチ落とし現象」は、馴れ親しんだ自分んちの飼い猫よりも、外で出会った人懐っこい野良猫・地域猫たちに多い。人懐っこく甘えたいような気持ちがある一方で、警戒心もある。こんな猫たちはしきりにニャーニャー寄ってきても、一定の距離を保ちたがり、あまり正面に留まりたがらない。それでも甘えてよしんば何か食物でも貰えないかという魂胆からか、背後へ背後へと回りながらも決して離れようともしない。後ろから時々前へきて膝にゴチンと額を擂り寄せ、また後ろに戻り、尻近くにくっついて顔洗いをはじめたりするのだ。

猫同士の関係では、じっと正面から目を合わすことは敵意を煽ることであり、なるべく真正面に相対することを嫌う。また、相手の真後ろに陣取ることは最も優位であるらしく、猫同士の遊びの追っかけっこ等でも、互いに相手の真後ろに回り込みたがりながらクルクルうろうろと駆け回っていることがよくある。これは相手との間合いを優位に保ちたい安心理論の現れなのだ。

真後ろに陣取って相手の体を盾とすれば、相手からこちらは見えず手も足も出せず、逆にこちらからは自由自在。つまり「ハンカチ落とし」は心理的な安心理論でありながら、リアルな「安全理論」でもあるということなのだ。

付かず離れず、人の近くに寄り添いたいが、かといって真正面から構われたくもない。そんな複雑で身勝手な「ドラ気分」が発動した時に、猫はいつの間にか真後ろに潜むハンカチと化すのだ。

「広げた新聞に乗る猫」は日本だけ

「猫のハンカチ落とし現象」の真相は、相手の背後に陣取って優位に立てば、心理的なリラックス感を得られるという「安心理論」にあった。安心安全ではあるが、相手の背後に隠れこむわけだから消極的な守りの理論ではある。

逆に、猫自身のテンションが高く、心理的にすでに優位に立っていると確信しているような気分の時には、自ら相手の正面へ正面へと飛び込んでゆく。そんな「構って貰いたい気分」の猫は、人の顔をじっと正面から見つめながら、ずんずん体をのぼってきて顔を舐めたがったりする。相手の視線を避けて背後へ回るのではなく、自ら視線を浴びて注目させようとして、視線の先へ先へと飛び込むこと。これは気分が上がっている時に、その優位な気分をアピールして見せて、さらに優位性を盤石にしたいという「ドラ根性」がそうさせているのだ。

そんな時の猫の代表的な行動に「新聞乗っ取り」がある。新聞を広げていざ読もうとすると、すかさず猫がすっ飛んできて乗ってしまうアレだ。しかも読もうとしている目的の記事の上、必ず視線の先へ、先へとやってきて邪魔するのだ。なぜそんなことをするのか。

これは構われて遊んで貰いたい時にやることなので、「邪魔だ、どけ！」とどかされることが一つの遊びであり、そうやって構わせることで自分の優位性を味わっているわけなのだ。だから新聞以外でも、テレビの前にやってきて、観るのを邪魔するというのも同じ理屈だ。

猫が新聞に興味を持つ別の理由としては、デズモンド・モリスが指摘しているように紙のこすれる音が獲物としての虫の羽音を連想させるからでもあるかもしれない。また、急に現れた新聞というのも、なわばり内の新しい変化には違いなく、それで確認の上陣地として乗ってみるということもあるだろうし、新聞の感触が心地よいのかもしれない。だがそう考えられるのは、ただそこに置かれたような新聞の場合だ。読んでいる新聞に乗ってしまう時というのは、人の視線を遮ることで優位性を再確認して、気分をさらに上げるのが第一目的なのだ。

猫は同居人の様子を常にチェックしているものなので、新聞を床に広げて読もうとしている時などは「遊ばせて当然」な絶好のターゲットにされてしまう。なぜなら新聞を床に広げて読むというのは、くつろいで時間に余裕がある時に限られ、気忙しく読む時なら畳んだ新聞を手に持ったまま読むに違いないからだ。

実はこの「猫の新聞乗っ取り」は日本の猫だけに現れる日本特有の現象であり、よその国では聞いたことがない。なぜなら新聞を畳敷きの床の上で広げて読むような習慣が外国には存在しないからであり、そもそも新聞のサイズがタブロイド版のみであったりもするからだ。

新聞乗っ取りはなくても、同じ理屈による似たような現象ならどの国にもあるはずだ。『ネコのこころがわかる本』のマイケル・W・フォックス博士は、原稿用紙に向かおうとすると猫が乗ってきて困ることについて言及している。それを博士は、原稿へ向かうエネルギーを猫が感じ取り、そのエネルギーの中へ入り込んでくるようだと表現している。つまりは原稿へと向かうべき集中、新聞記事を読もうとしているその集中というエネルギー、そのエネルギーを自ら浴びて自分へと向かわせるために、猫は新聞の上に、また原稿用紙の上に乗りにくるということなのだ。

今どきの若い猫好きの方なら新聞を広げて読むことは稀だろうし、原稿用紙といってもピンとこないかもしれない。だが、猫の同居人であるならば、必ずや同じ理屈からなる「猫の乗っ取り被害」を受けているはずだ。

乗っ取ってくるのは「猫が優位性を再確認して気分をさらにアゲアゲにする」のが目的。それが新聞や原稿用紙の音や感触からきていたのではないことは、簡単に証明できる。今どきの猫は、新聞電子版を読んでいるモニターの前を遮るし、ゴツゴツしてさぞ居心地悪そうなキーボードの上にわざわざ寝そべってみたりもするからだ。

今日もまた猫の奴めが「ぬしってる」

猫はなぜ新聞やキーボードを乗っ取っては得意になったりするのだろうか。それは、そもそも猫の陣地というものが、なわばりを共有する他の猫との間で、乗っ取ったり取られたりの陣取り合戦を繰り返していたからだ。陣地は、より快適な場所をより多く所持しているほど優位である。他者の陣地を乗っ取ることで、自分のレベルは上がり気分も上がる。乗っ取ることでより盤石な安心感と満足感が得られるからなのだ。

だから、家庭内においては「人の陣地」「人の定位置の居場所」である椅子やソファー、座布団の上などを乗っ取りにかかる。しかも、なぜそれがわかるのか不思議なのだが、その家、その所帯で一番中心的な場所、その集団で一番偉いトップに立つ者の場所、家主、所帯主の席をわざわざ乗っ取って、自らが一番偉いのだといわんばかりに得意になるのだ。

一般家庭で一番偉い人、家主、所帯主といったらたいがいは「お父さん」ということになるのだが、猫が乗っ取る家主席とは必ずしも名義上のそれとは一致しない。あくまでもその集団の中で一番強いオーラを放っているパワースポットを感知して、乗っ取ろうとするものであるので、猫が乗っ取りたがる場所を見れば、「あ、この家のボスはお父さんじゃなくてホントはお母さんだな」などということが如実にわかってしまうのだ。

このような「猫の家主席乗っ取り現象」のことを、タレントの横山ルリカの家庭では「ぬしってる」というのだと本人がブログに書いていて、「いや、これは上手いこと命名したなあ」とえらく感心してしまった。

横山ルリカ家のルキ君という猫（一四歳のラグドール）は、ルリカさんの父親がいないと、いつの間にか父親の椅子にふんぞり返って座っている。家主のポジションにちゃっかり収まるから「ぬしってる」。まさにその通りだ！

ルキ君は陣地意識旺盛な乗っ取り常習犯であるらしく、枕を乗っ取られただとか、トイレの蓋の上で寝ていてどかない、などとブログはしょっちゅうルキ君ネタで盛り上がっている。トイレの蓋からどかないのは、陣地を逆に乗っ取られると思っているからだが、他の日には風呂の蓋の上で転がって得意になっていたりもする。

今やネット上では世界中の猫の飼い主たちがこぞって自分んちの猫の話題、写真、動画を発信しているが、発信者もそれを喜んで見ている受け手も、皆一様に「猫に主られし者たち」であるといえる。

ぬしってる猫に、主られて、癒されている。猫は癒してあげて、自らも癒され、また得意になる。今どきの猫と人との相互関係はこのようになっている模様なのだ。

太々しいにもほどがある猫たち

猫は「安心理論」に基づいてそれぞれの陣地を決めるので、基本的には「高所」、「箱形」あるいは「袋状」などの身が隠せて潜り込めるような場所が選ばれやすい。だから屋外の猫の居場所では、かつてはブロック塀の上や、軒、庇などにいる猫を見かけやすかったのだが、二〇〇〇年代に入った頃から新築家屋ののっぺり化とブロック塀の減少がはじまり、相対的に以前より低い位置にいる猫を見かける機会が多くなった。

それでも、集合住宅の入り口近くのちょっとした段の上だったり、駐車したバイクのシートの上や自転車の籠の中。下であってもバイクや電柱の陰にちょっとでも人目を避け身を隠すようにしたり、あくまでも「陣地の条件」と「安心理論」に沿うような工夫が見て取れた。ところがこれがどういうわけか、二〇〇〇年代の半ばから後半になるにつれ、著しくそれまでの安心理論からかけ離れた、隠れるものが皆無の広場だったり、人の出入りの多い喧噪地など、あまりにも意外な場所でも堂々とマイペースでくつろいでいる、そんな「スーパー太々しい猫」が同時多発的に現れてきたのだ。

私が最初にそれを意識するようになったのは二〇〇七年からで、九四年からずっと猫との交流目的で通い続けた公園に住み着いていたハナという猫がきっかけであった。

ハナといっても雄猫で、なんでハナと名付けられたのか不明だが、この公園に通う人々皆がハナと呼んでいたのだ。ハナはただ人懐っこいというのとはちょっと違う、まるで人を恐れず物怖じせず、太々しいにもほどがあるような猫だった。

その広大な公園にはいくつかの野球場とテニス場、陸上グラウンドがあり、その受付所兼更衣室などもある中心的な建物の周り一帯がハナのなわばりであった。建物の前は広場になっていてベンチがあり、利用者の集団が大騒ぎしていることが多い。そんな人々が大騒ぎしているベンチの一角で、ハナはいつでも何食わぬ顔で寝込んでいたのだ。

もちろん構われたり抱き上げられたりすることもあるが、相手が誰でもまるで動じず、かといって甘えん坊で自分から売りこんで行くタイプでもない。常に平然と悟り切ったような態度物腰で、一人静かにくつろいでいるのだ。

また、どういうわけなのか、ハナは何もない広場の中央や園路の真ん中にいることも多かった。身を伏せて寝ていることもあったが、何が目的なのか居眠りでもしているのか、ただぽつんといつまでも座り続けたりするのだ。自転車が通ったり犬が飛び掛かりぎみにすれ違ったりしても、まるで動じない。それは猫が居るにはあまりにも半端な場所であり、常識外れで猫離れした光景であった。

「ほらハナ、なんでそんなとこにいるんだ？　危ないからこっち来てろ」

といって、私がしかるべき道の端やベンチの上まで移動させたこともあったのだが、園内の他の場所を一回りして戻ってみると、また真ん中の変な場所まで出てきている。なぜだかわからないが、その場所でもハナは安心した状態でいるのだけは確かであった。

そしてこのハナの不可思議な居場所を意識しはじめた頃から、同じように妙に道の真ん中に堂々と座り続けている猫や、以前だったら考えられないような人通りの多い場所で平然としている猫たちが目に付くようになった。そしてネットからの情報で、どうやらこのようなスーパー太々しい猫が今、全国各地に出没しているらしいことがわかったのだ。

いったい、猫たちに何が起こっているのか？

続々と現れる「太々しすぎる新世代ドラ」たち

太々しすぎる猫・ハナが公園の受付前広場を席巻していた二〇〇八年頃。時代はすっかりネット社会化していて、全国各地の「あまりにも太々しい猫たち」の様子が動画で見られるようになっていた。

その代表格で最もメジャーな存在であったのが、和歌山電鐵貴志川線貴志駅の三毛猫「たま駅長」（二〇一五年没）。実際に会いに貴志駅まで訪れた人々が撮影した動画が大量に公開されているが、そのあまりにも人馴れして物怖じしない態度は、ハナと共通であった。

猫駅長と呼ばれている猫は貴志駅以外にも公式、非公式ともに全国に数多く存在していた。たいがいは駅に居ついてしまった猫で、駅の自動改札の上にべったりと乗っかっていたりする。電車が到着して多数の乗客が改札を通過してもまるで動ぜず寝込んだままで、自動改札機の「ピッ！」という音にも無反応。またよっぽどいつものことなのか、軽くポンと頭を触りながら通る乗客もたまにいるが、ほとんどが猫をスルーしてただ通りすぎる様が実に面白い。

他にもいつの間にか勝手に会社に居ついてしまった「会社猫」パターンも数件あり、中でもエレベーターに乗って上へ下へと移動してしまう「会社ネコ・ミミちゃん」は新聞でも報道されて話題となっていたようだ。人々の足をすり抜けてエレベーター内に堂々と乗り込む様は実に見事。社内のあちこちに乗っかり場陣地があるようで、我が物顔で社内を歩き回る様子はまるで「猫社長」のようだ。

これらの猫の太々しい態度をよく観察すると、やっぱりどこか「ぬしってる」のだと思えて腑に落ちた。店先の主人の席や、店の目立つところにいつもいる猫を昔から「看板猫」といったが、猫駅長も会社猫もある意味「看板猫」。店や駅や会社を我が物として、太々しくも堂々と「ぬしってる」というわけなのだ。

そう考えると、あのいつも大公園の受付前付近や広場の真ん中を堂々と陣取っていたハナも、大公園の「ハナ公園長」とでも呼ぶべき、「ぬしってる看板猫」であったのかもしれない。

ハナや自動改札猫、エレベーター猫のような「あまりにも動じない人馴れしすぎた猫」が、なぜこの頃になって一斉に現れてきたのだろうか。

まさか「百匹目の猿現象」ならぬ「百匹目の猫現象」で、太々しい猫の数が一定量を超えたから全国一斉に太々しすぎる猫が現れた、というわけでもあるまいが、実はちょうど同じ頃から「猫カフェ」が全国的に増えている。猫カフェにいる猫というのも実に見事なまでに人馴れしすぎているはずであり、昭和タイプのドラ猫、日本猫ではとても無理だったと思われる。

身を隠す場所の少ない広場や人の多い場所でも動じない猫が増えた点については、古くから日本で培養されていた日本猫の気質が減少し、近年になって流入した洋猫の遺伝的特質が増加したためなのかもしれない。西洋の街並みや家屋の特徴は中世から一貫して現在の日本よりさらにのっぺりとしたものであり、猫たちはその頃から広場や人の多い場所で物怖じしていては生きられない環境であったと思われるからだ。

なぜ現れたのか、どこから来たのか——その真相は謎ではあるが、あらゆる人にも環境にも物怖じしない、あまりにも太々しい「新世代ドラ猫」の時代にすでに突入していることは確かなのだ。

猫よりも小さな犬の出現

二〇〇〇年代に入ってから猫を取り巻く環境が大きく変わり、その影響もあってか猫のパーソナリティーも変化していったわけだが、それは犬もまた同様であった。いや、同様どころか、犬のほうが猫よりもはるかに振り幅が激しく、激動激変を繰り返した挙句に、何もかもがすっかり様変わりしてしまったのだ。

犬業界は一九九〇年前後のシベリアンハスキーブーム、九〇年代半ばのゴールデンレトリーバーブームを中心に大型犬主導の時代がしばらく続いていたが、九〇年代後半以降はミニチュアプードル、ミニチュアダックスフンド、シーズーら小型犬の人気が徐々に高まり、次第に大型犬を上回るようになっていった。

ミニチュアプードルの体重は五～八キロくらいなので、猫の中でも大きめなラグドールとほぼ同じ。ミニチュアダックスフンドの適正体重は四・八キロで、猫の平均体重は三～五キロ範囲とされるので、このへんの小型犬はもうざっくりと猫と同程度にまで小さくなったと考えていいだろう。

そして二〇〇二年、消費者金融のテレビCMに登場したチワワが折からの癒し系ブームの波に乗って大ブレイク。これによってチワワを筆頭にポメラニアン、マルチーズ、ヨークシャーテリア、パピヨン、トイプードルら超小型犬が持て囃される時代となり、さらに小さなタイニープードル、ティーカッププードルなる極小犬まで現れてきた。これら超小型犬の体重は二～三キロ。なんと逆に犬のほうが猫より小さいという驚天動地。まさに前代未聞の時代が来てしまったのだ。

猫より巨大な「スーパーラット」が大出現

このように犬がその姿を縮小化してゆくその裏で、逆に密かに巨大化していたものたちがいる。ネズミだ！

日本では明治三八（一九〇五）年に黄燐を主成分とした初の殺鼠剤「猫イラズ」が発売され、その後世界的にネズミ駆除は猫よりも殺鼠剤が頼りとなっていった。殺鼠剤は研究開発が繰返され、血液凝固阻害薬のワルファリンが多く使われるようになったが、時が経つにつれ、クマネズミおよびドブネズミの一部にはワルファリンに耐性ができて、まるで効かない個体が現れてきてしまったのだ。それを「スーパーラット」と呼ぶのだが、恐ろしいことにこのスーパーラットが巨大化しているというのだから、冗談じゃない。

従来のドブネズミは大きいものでも体長二八センチ、体重五キロくらいであったとされるが、スーパーラットは体長が約五〇センチ、中には六〇センチにまで迫るものもおり、体重は一〇キロ近くもある。こうなるともう猫よりもデカイ！

犬、猫を凌いで一番大きいのがネズミであるという、禍々（まがまが）しくも空恐ろしい事態がすでに現実となっているのだ。

この巨大スーパーラットは世界中の都市に現れており、渋谷駅周辺地下でも数年前から巨大ドブネズミが大繁殖。他にもハチ公前からセンター街、道玄坂に至るまで渋谷周辺一帯で巨大ドブネズミ&クマネズミが頻繁に目撃され、もはや渋谷の名物の一つに数えられるほどなのだ。
巨大スーパーラットは殺鼠剤では死なないゆえ、一匹ずつ捕らえて根気よく息の根を止めてゆく以外に方法がないという。そんなことは人間では無理であり、それができる唯一の存在が猫だったはずなのだが、現在それができる猫が果たしてどれくらいいるのだろうか。

猫と狸の密やかなる交流

日本各地の農村では、自然環境破壊によって生息地を奪われた熊、鹿、猿などの野生動物による被害に悩まされているが、近年ではこれがいよいよ都会にまで及んできて大きな問題となっている。東京二三区内の住宅街でも特に狸、ハクビシンの目撃例が増加しているというが、私も目撃者の一人である。実にそれは、二〇〇〇年前後の猫と犬の大変動とも無関係ではないと思われるのだ。

狸を目撃したのは五、六年前、あのハナがいた頃の猫の集まる大公園の一角でだ。その日も私は夕暮れ時に数匹の猫が佇む場所を訪れていた。するとほど遠い垣根の陰から新たにもう一匹入ってきたのに気付いたのだ。

それも最初は猫だと思った。大きさは普通の猫程度で、暗い遠目なので体色はわからない。だが、ふと横を向いた際に鼻と口元が三角に飛び出しているシルエットが見えたのだ。猫じゃない。まさか、狸か？

　初めて出会った狸であったが、恐る恐る近寄ってゆくと、向こうもこちらへやってきて顔を上げる。じっと、視線がぶつかった。その瞳の表情は犬とは違う野生のそれであり、一瞬の怖れを感じた。だが攻撃的な様子は微塵もなく、かといって過剰な警戒心もなさそうであった。マイペースであたりを散策していたかと思いきや、次第に猫たちのたむろする場に近づき、気付いた猫たちが狸に向かって振り向いた。さて、どうなるか？

　これが実に何も起こらず、猫たちは「なんだ、またおまえかよ」とでもつぶやいたかのように再び視線を外し、狸もそのまま通りすぎたのであった。猫たちと狸はすでに顔見知りで、互いの干渉についてのルールがきちんとでき上がっているように思われた。

　それからしばらく後、公園内の別グループの猫たちのたまり場近くで別個体の狸にも遭遇したが、こちらは明らかに猫と一緒に餌付けされて人に馴れきっていたようだ。

　ちなみに平安時代には、猫も狸も同じ「狸」の文字で書き表わされていたという。それが平成の世に再び出会い、密かに同じ釜の飯を食う仲となっていたのであった。

電線から下界を見下ろすハクビシン

狸との突然の遭遇にはかなり驚いたものであったが、場所が自然豊かな公園内の土の上であったからまだましであったのかもしれない。もっとビックリしたのはそれからまた数年後、夜の買い物途中の駅から〇分地点の路上に、一目見て猫でも犬でも狸でもないとわかる禍々しい謎の獣が突然飛び出してきた時であった。

獣は車一台がやっとの狭い道路を斜めに横断し、ピョンと跳んで赤煉瓦の低い塀と鉄索の隙間から民家の庭へと滑り込み、瞬く間に姿を消した。ほんの一瞬ではあったが細い顔に長い体と長い尻尾のその姿は深く脳裏に刻まれた。

何だ、今のは?

過去の私の記憶から最初に連想したのはフェレットだが、少なくとも今のは飼われている存在などではない。イメージ的に最も近いのは『ガンバの冒険』のノロイだ。ついぞお目にかかっていなかった荒ぶる野性味、強烈な野良の香りがぷんぷんに漂っていたのだ。

さて、帰宅して早速のネット検索であれこれ調べた結果、その正体がハクビシンであり、今東京都内のあちこちで頻繁に目撃されていることを知ったのだ。それにしてもなんでこんなモノが突然、大っぴらに街中に出てくるようになったのか?

荒ぶる里犬、街犬たちが自由に徘徊してなわばり内を監視していた時代なら、新規の野生動物が侵入する余地などなかったはずだ。庭先に飼い犬が繋がれているだけでも十分だ。

犬だけではない。猫だって相当なものだ。かつては街中の随所を治めるボス猫たちが形成していた野良猫(出入り自由の飼い猫も含める)たちによる大きなネットワークがあって、それで秩序が保たれていたり、なわばり内の新規侵入者はすぐにあぶり出される仕組みになっていたのだ。さらには、庭先でボッとしているだけのような犬でも、近所の猫の動向はすべて頭に入っており、猫たちの動向に異変があると素早く察知して、犬自身の警戒心を強めているから、いざ侵入者が現れるや素早い対応ができるのだ。

一匹の犬が吠えると、それを聞きつけた犬がまた吠え、遠吠えの連鎖が街中に轟き渡ったりする。慌てた侵入者は、捕らえられずとも再びの侵入を断念せざるをえなくなる。このように庭先の飼い犬が連動して街の番犬を務めていたのだ。

「犬の遠吠え連鎖現象」は二〇〇〇年頃にはまだ存在していた。新居に建て替えのため、私と母が犬連れで深夜に仮住居に越した際、数軒先のガレージにゴールデンレトリーバーがいて、そいつが「ヘンな犬が来やがったぞ～！」とばかりに吠えると、近くの屋内飼いの小型犬らにもそれが聞こえて、つられて一斉に吠えはじめ、それが次々とウエーブのように周囲に広がっていって、えらく参ったことがあった。

二〇〇〇年代以降、急増している新築住宅は塀も門も廃されているので、従来のような犬小屋を置けるスペースが確保できない。あってもガレージがむき出しではなくシャッター付きになっている注文住宅か元店舗物件くらいだろう。猫同様に犬たちもまた室内飼いが当たり前となり、終日を人間と同じスペースで過ごすようになってしまった。

「ピンポン！」と、インターホンが鳴ったとたんに、けたたましく吠えまくりながらドアまですっ飛んでいくぐらいのことはできるものの、気密性が高まり外の音声も聞こえにくい。かくして遠く互いがまだ原人と狼であった頃から続いていた「ヒトの群れを守る番犬」としての犬の役割が唐突に剥奪され、防犯を請け負うホームセキュリティ業者が台頭することとなったのだ。

私の目の前に突然現れたハクビシンが「ピョン！」と飛び込んだ赤煉瓦の低い塀の中のお宅だが、ここにもかつては威勢のいいゴールデンレトリーバーがいて、うちの犬ジャム（エアデールテリア）が散歩で通り掛かるたびに激しく吠えあっていたのだ。あのゴールデンが庭の中を走り回っていた頃であれば、こんなにも堂々とハクビシンの通り道にされることもなかったはずなのだ。

その後も私はこの付近で数回ハクビシンを目撃している。二度目は赤煉瓦の庭の家から数メートルの駅前商店街の通りの真上、頭上高い電線を忍者の如くに渡っていた。それを目で追ってゆくと電柱で別の電線へと乗り換え、路地の奥まで行くと電柱を降りて姿を消したのであった。

猫の専用道ブロック塀は今やズタズタに破壊されてしまったが、頭上の電線がなくなるようなことは当分ない。ハクビシンは電線を伝って都心にまで入り込んできたのだという。そして電線を伝って猫がもう入り込めなくなったような古民家の屋根裏にもなんなく潜り込んでは住み着き、また電線を渡りに渡って勢力を拡大しているらしい。

ネコ目ジャコウネコ科のハクビシン。今、ミアキス直系のその樹上生活能力をもって、日本の電線網をブキミに制しつつあるようだが、この先果たしてどうなるのか。このまま猫と犬を高みから見下ろし続けて、ミアキスの子孫の頂点にまでのぼり詰めてしまうつもりなのだろうか？

ヌートリアのカワイイ戦略

ここ最近の渋谷ではいたるところでごく普通にスーパーラットタイプの巨大ネズミが目撃されるので、渋谷名物とでも思われているのか、外国人観光客が嬉しそうにカメラを向けたり、女子高生が思わず「カワイイ！」と叫んで喜んでいたりもするそうだ。見た目は人気沸騰中のカピバラとたいして変わらないのだから、その存在背景を知らずにいきなり遭遇したなら、素直にカワイイと感じられても当然なのだ。

さらに見た目はカピバラそっくりでカワイイと評判な巨大ネズミが、南アメリカ原産で侵略的外来種に選定されているヌートリアだ。ヌートリアは関東以北には生存していないが、岐阜、大阪、京都、岡山などでは大増殖しており、様々な被害も出て問題視されているのだ。

もともとは戦前に毛皮に利用するために導入され、軍服の毛皮のために岡山などで養殖されていた。それが戦後に用済みとなって野に放たれた生き残りが、どういう経緯でか今頃になって大繁殖しているということなのだ。

軍服用の毛皮といえば、第二次世界大戦末期には戦争の長期化でいよいよ物資が枯渇して、犬猫が強制的に供出させられ撲殺の末に毛皮にされて肉は食用となっていたという悲惨な歴史があった。『犬の伊勢参り』や『犬たちの明治維新　ポチの誕生』の著者・仁科邦男によれば、この戦時中の強制供出によって、古くから日本に在来していた里犬は完全にいなくなってしまったのだという。皮肉なことに戦時中の毛皮づくりという黒歴史が、日本に古くからいた犬を同じ数だけのヌートリアに入れ替えてしまう事態になってきたのだ。

大阪城のお堀や京都の鴨川などでは二〇一一年頃から急速にヌートリアが増えはじめたというのだが、それはなぜなのか。どうやらこれはカピバラ人気の影響らしい。それ以前のヌートリアはビーバーにたとえられることが多かったようだが、カピバラが有名になって以降、「カピバラみたいでカワイイ！」とネット上で画像や動画の拡散がはじまり、餌付けされる機会が急増した結果の「ヌートリア大増殖」であるらしいのだ。

二〇〇〇年代に入って猫や犬を取り巻く状況が大きく変わってきたわけだが、そこには携帯やネットなどで情報環境が急速に変化した影響もある。そして、「癒しブーム」とあいまって、より「カワイイ！」が求められる時代になった。また、若いギャル世代の女子たちが中心となっていたるところに「カワイイ！」を発見するのが流行し、様々なメディア展開で一つの文化となるまでに至っているが、これもまた「リアルな猫」にいくばくかの影響を与えていそうだ。

カピバラ、カワイイ！　ネズミも、カワイイ！　もう全員、カワイイ！

と、こんなふうに、カワイイ！という眼で観察すれば、実際になんでも可愛く、愛おしく思えてきてしまう。現在の撮影機材と技術の進歩は、自然界のいたるところに潜む「カワイイ！」を見せてくれる。ヌートリアが実はカピバラにそっくりであることにも気付かせてくれるし、かつては襲われて食われることを怖れていたような猛獣の清らかな親子愛、愛おしく無邪気な一面も見せてくれる。獲物を殺して嬉しそうに美味そうに食べている子トラが「猫みたいでカワイイ！」と思えてしまったりもする。この「上から目線」はなんなのか？

それは「神」の目線かもしれない。カワイイ！と思う心は神心。そうには違いないのだが、自然への畏怖を忘れては後でとんでもないしっぺ返しを食らうことになりかねない。「カワイイ！　カワイイ！」とエサを上げていたのに、ふと気付いたら頭から食われていたというのでは洒落にならない。「カワイイ！」も「恐い！」も一緒くたに、清濁併せ呑んでしまう曖昧さが、「日本の文化」なのかもしれないが……。

かくして日本のカワイイが文化となって世界に発信され、不細工極まりない太々しいドラ猫が、「ブサかわ」などと呼ばれて新たな人気を博したりすることになるのであった。

「ニャア！」はドラ猫の人間語

ハクビシンやヌートリアの不気味な暗躍を露知らず、お部屋の猫は「カワイイ！　癒される〜」と褒めちぎられ、さらに「カワイイ」に磨きをかけてゆく。ここ最近の猫はざっと見渡しても明らかに昭和のベタな日本猫よりカワイくなっており、いってみればこれもまた「猫のドラ化」の一ジャンルなのだ。

改めて、人はなぜ猫を可愛いと思い、癒されるのだろうか？

そこには人と猫との「コミュニケーションの妙」というものがある。本来の猫は単独狩猟生活者なので、子猫時代の母と子の関係以外では他の猫同士がコミュニケーションを取ることはなかった。現在の猫が喜んだ時に鳴らすゴロゴロという喉の音は、母子が存在を確認しあうための専用音声であり、自然な状態で大人になった猫同士がゴロゴロいいあうようなことはなかったのだ。

さらには、猫といえば「にゃんにゃん」ともう相場が決まりきっているわけだが、実は猫同士では「にゃん」とも「にゃぁ」ともいい合わない。「ニャア！」という鳴き声も、実は子猫時代の「みゃぅみゃぅ」の鳴き方を、「対人間用のコミュニケーション手段」として成長後も使用し続けるようになったというモノ。人間社会に参加するようになってから開発されたこの「ニャア！」を縦横無尽に使い込んで、猫たちは「ニャア〜！（飯よこせ！）」だの、「にゃがにゃが！（寒いからなんとかしろ！）」だのと、人間に対していろんなことを声に出していうようになったのだ。

そして、母子関係においてのみ存在していた、母が子を思う「母感情」、子が母を慕う「子感情」。この二つの感情が土台となって、猫たちは様々な独自の感情を育て上げていった。人に対して、ある時は子が母を慕うように甘え、またある時は母が子にそうするように、捕らえたネズミを人に与えようとする。

こうした、猫が人に歩み寄る形で成り立っている「コミュニケーションの妙」があるから、人は猫を可愛くも思い、妙に癒されてしまうのだ。猫たちもそこらへんの妙味を実は楽しんでいて、たとえば最初はただ空腹を満たすために魚を盗んでいただけのドラ猫行為が、次第に怒られて追っかけられることまでが込みで、猫の楽しみへと変わっていったのだ。

また、この新たに開発された感情が、なわばり内の他の猫との付き合いにも生かされるようになり、個人主義者の猫が寄り合って、ある程度の社会性を持てるようになった。他の猫との付き合いといったら、本来は子猫時代に同じ母に育てられていた兄弟猫同士のみに限られていたのだ。

つまり、これらもすべて「猫のドラ化の証」。人が「カワイイ！」と思わず叫び癒されてしまう猫こそが、実は「ドラの中のドラ」であったといえるのだ。

堕落なのか、進化なのか

複数の猫がぴったり寄り添って、それぞれ実に気持ちよさそうな笑顔で眠る姿。それは平和そのものの、見ているだけで心が洗われ癒される光景である。意地悪な見方をするならば、この光景を見て猫が仲良くしていると思うのは大間違いで、個人主義で利己的な猫はただ相手の体温を利用して暖まりたいだけなのだ——と、こう解釈することもできる。

確かにこの解釈は正解なのであるが、猫たちの関係性の中には「母感情」と「子感情」をベースに新たにつくり上げた「社会的な感情」が働いていることを見逃してはならない。常に一番快適な状態を選びたい猫は、この感情によってそれぞれが自分をセーブしながら、相手の体温を利用しあう。そして、選び取った快適さを満喫し、気持ちよさそうに平和な笑顔を見せている。これがいいのだ。

時に相手にイラッとしても、すぐまた平和な心へと戻る。「べし！」と相手の頭を軽く叩いたとしても、すぐまた戻る。速やかに戻るために相手を「べーろべろ」と数回舐めてみたりもする。そしてまた「じ〜ん」と伸びをしてから眠る。それぞれが感情を抑えあいながら、気持ちいいほうへ、いいほうへと、快適と平和を選び続けている。

猫たちが時にイラッとしながらも、それぞれが自分の平和を守って気持ちよさそうにしている様子。これが実に素晴らしく、猫たちの互いを納めるこのバランス感覚に癒され、心洗われてしまうのだ。

地球界屈指の武闘派集団であったミアキス一族。その中でトップの座を勝ち取った猫は、いわば「狩猟」と「戦闘」におけるエリート中のエリートである。その猫が狩猟と戦闘の一切を放棄して、「ドラ猫」という新たな生き方を歩みはじめた。それを「堕落」と見るか。あるいは「進化」と見るべきなのか。

狩猟を失った猫はもはや、人間社会に依存し、そこで食料を調達し続けることが必須となってしまったのだが、その人間社会で彼らが醸し出すオーラはなぜかとても崇高だ。

戦いの放棄に成功して、時折イラッとしながらも、気持ちよさそうに平和を保ち続けていられる猫たち。それはまるで「桃源郷」のようだ。だからこそ人間は猫に癒され、閉塞した現状を根本から打開してくれる何かを、希望の光をそこに感じてしまう――と、つまりはそういうことだと思われるのだ。

探してみよう、その何かを。猫といっしょに、ドラになって。

「後期高齢ドラ」に導かれし悟りの世界

私の最も古い猫の記憶は、恐らくは一、二歳の頃の、薄暗い台所の片隅の定位置にじっとうつむき加減に目を閉じて座っている大きな老猫の姿だ。大きな老猫だと思う理由は、いうまでもなく私自身が小さかったからだ。

じっと座り続けるその姿は、まるで深い瞑想に入っている高僧のようであり、その静かな息遣いは地球の呼吸に連動していたかのよう。まだ頭で理解する力など何もなかったはずの当時の私だが、その当時の家族（父、母、祖母、犬と猫が数匹ずつ）の中で、一番若輩の新参者であったのが私で、人生の大先輩である最長老は当時五〇代の祖母ではなく、いつも定位置にじっと座っていたこの老猫であることを体で感じ取っていたように思われるのだ。

老猫といっても、その猫の当時の年齢は一〇歳には届いてない。当時の猫は長生きしてもせいぜい一〇歳をちょっと越えたくらいまでが普通だったが、現在は二〇歳越えもそれほど珍しくないほどに長寿化している。

人が猫に癒しを感じるその理由とは、猫と人との独特の「コミュニケーションの妙」によるものであり、猫がリラックスの達人であるからでもある。猫とのコミュニケーションが深まれば深まるほどに、人もまた誘われてリラックスしやすくなってゆくのだ。

猫が気持ちよさそうに眠る姿を見つめていれば、猫の深く静かな呼吸に導かれるように、自らの呼吸も深まってゆく。呼吸が静まり、心身が統一されてゆく。そして心がじっと「今」に留まる。

これがマインドフルネス……いわゆる「悟り」だ。

その手触り、毛触り、もふもふ感は、魂の奥底から命の根源を再び呼び覚ましてくれる。

そして、その「ゆるゆる感」に導かれてゆるゆると心身を統一すれば、体の細胞の一つひとつが生まれ変わり、いつでも新鮮な状態へと引き戻してくれる。

部屋の片隅で静かに寝息を立てている猫は、そんな「パーソナル瞑想装置」であり、「自室の中のプチ大自然」であるのだ。そしてその素晴らしい効能は、猫が晩年になっても一向に衰えず、むしろどんどん深まり盤石となっていくのだ。

これからの猫は、人間は、どうなってゆくのだろう。この先の日本は、世界は、地球は、どこへ向かおうとしているのだろう。わからないけど、生きるしかない。

あの、お魚くわえて逃げ去るドラ猫のように、したたかに微笑んで……。

終章

人生に寄り添うドラ猫たち

「だったらもう飼わない」という選択

猫との別れは、いつだって突然だった。

チャウが亡くなったのは一九九九年五月一七日。前日まで特に変わった様子はなかったのに、突然にして消え入るように息を引き取ってしまったのだ。享年一六。

縁あってチャウが我が家に来てくれたおかげで、どれだけの恩恵があったか知れない。本書でもたびたび述べている「猫のなわばりと、お気に入りの陣地獲得の法則」は、チャウの様子を観察して、自分なりに初めて理解できたものであるし、そもそも「陣地」という言葉も私の母がいい出したものなのだ。チャウは遠方から我が家へやってきたので、我が家でなわばりを広げ、陣地を獲得していく様が、他の猫よりもわかりやすかったのだ。

私の親父・沼田陽一は、祖母の影響で強度の「エアデールテリア一推しの犬バカ」となってしまったのだが、猫に対してはそれほどでもなかった。だがチャウが親父によく懐いたおかげで猫にも目覚め、猫がテーマの作品を執筆するようになり、それが後により詳しい犬について の著書を晩年まで発表し続けられるきっかけともなった。一方、猫については倅の私が執筆させて貰えるようにもなったのだ。

チャウが亡くなったことで、八〇年代には通いの外飼い猫を含めて十数匹いた我が家の猫軍団はすべていなくなり、残されたのは四歳の雌犬ジャム（エアデールテリア）ただ一頭となった。そのジャムも二〇〇五年六月一三日に亡くなり、それ以来、猫も犬もいない生活が長く続くこととなってしまった。

新たに飼おうと思わなかったのは、九七年に親父が亡くなってから二人暮らしとなっていた老齢の母に、そろそろ介護が必要となりはじめていたからだ。要介護4となった母を一人で介護しながらの生活。だが、住居環境が昔のままだったなら、もっと気楽にまた新しい縁を紡ぐこともできたのかもしれない。

チャウが亡くなったのは建て替え引越しの準備で大わらわの時であった。その後まもなく歴代猫たちの豊富な陣地群は家もろともすべて取り壊され、翌二〇〇〇年から「薄型高層のっぺり住宅」での新しい生活がはじまったのだ。

我が家には常に複数の猫とエアデールテリアたちがいたのだが、それは九〇年に亡くなった父方の祖母が並外れた犬猫好きであったからだ。だから私は生まれた時から身近に猫がいる環境で育ったとはいうものの、正確を期するなら未だかつて自分が責任を持って猫の飼い主になったことはただの一度もないということになる。猫と親しい同居人ではあっても、少なくとも飼い「主」ではなかった。たまたま私の住む家にはいつでも猫がいて、私はただその猫たちと親しく交流して楽しんでいただけなのだ。

我が家の猫たちは、何匹かの例外を除いて皆近所で生まれた猫や、捨てられて徘徊の末に我が家まで漂着したような猫ばかりであった。八〇年代初め頃から、近所の野良猫の出産ラッシュで猫の数が爆発的に増えてしまい、その頃から祖母と親父は近所の野良猫たちを取っ捕まえては避妊去勢手術を施し、また戻して家に通わせて餌を与える「野良猫の外飼い」をはじめていた。即日に懐いて上がり込んできたものもいれば、しばらく通って徐々に馴れ、少しずつ家の中にいる時間が増えて、ようやく我が家の正式な一員になったものもいる。

祖母が亡くなった後も通ってくる猫の歴史は細々と続いており、実はここ最近も本書の執筆で猫への関心が高まっているゆえなのか、全部で四、五匹の猫が現れる。だが昔と違って、台所口の戸を開け放しておいて猫を徐々に上がり込ませるような方法がとれないので、猫の警戒心を解除するのがなかなか容易ではない。玄関口も窓のすべてもピッシリ閉ざしておくことが前提の設計となっているので、もはやドラ猫が気楽に出入りすることは不可能なのだ。

前述のように二〇〇〇年以降から街の景観が著しく変わりはじめ、それによって猫たちのそれまでのような屋外生活はもはや成り立たなくなってしまっている。それは、「それまでのような飼い方は許されないような環境、社会になってしまった」ということでもあり、ある種の猫好きの人々は急激な意識チェンジを求められて途方に暮れてしまうわけなのだ。

「わかった……。だったら、もう飼わない。飼うのはもう諦めよう、少なくとも今しばらくは……」

かくして世の猫カフェ、猫グッズ、猫キャラたちによる猫の癒しブームがますます盛況になっているのかもしれない。

一人ひとりの人生に、そっと寄り添う猫

世間的にはまだまったく注目されていないが、住居環境などの変化と「外飼い抑止、室内飼い推奨」のムーブメントに戸惑って、「だったら、もう飼わない」という生き方を選んでしまっている猫好きが、実は案外多いと私は見ている。

だがそれは、たぶん当の本人は自覚していない。まさか自分がこういう選択をしているとは夢にも気付いていないのだ。なにしろこの私がそうだったのだから間違いない。自分でこれにやっと気付いて、長年のモヤモヤがやっと腑に落ちてサッパリとしているような次第なのだ。

だが逆に、二〇〇〇年前後以降の住環境変化にともなって、新たに猫を飼いはじめたという人が多いのも確かなようだ。私の知り合いの中にもそういう新規の猫飼い、犬飼いが幾人もいる。「え、まさかあの人が！」とビックリしてしまうような方々が、住宅の刷新を機に突然の「猫犬デビュー」を成し遂げているのだ。

具体的にいうと、その頃から増加の一途を辿っているという集合住宅の「ペット可物件」に運良く入居できたという人や、家の建て替え、新築がきっかけとなった人々。これでようやく周囲に気兼ねなく念願の猫を飼えると考えたマジメな人々で、こういう方々は室内飼い推奨の機運と気密性の高い外界から隔離された住宅の実現によって、かえって猫を飼いはじめること

への心理的ハードルが下がったようなのだ。

時を同じくして、古くからの正統派日本猫がほぼ姿を消し、異様に人馴れした太々しすぎる猫の登場など、猫そのものにも様々な変化が生じていたのだが、それと同時に猫の飼い主のパーソナリティーも大きく様変わりしたような印象を受ける。

昔は大家族ひしめく狭い家の中にドラ猫が入り込んで、一緒にゴチャゴチャ賑やかに暮らしているようなケースが多かったが、今は核家族、個人主義尊重の時代。猫にもよりパーソナルな関係が求められるようになった。

さらには、二〇〇〇年以降に急激に浸透したインターネットによって、猫の飼い主のあり方も大きく変わってしまった。互いの猫の様子を写真や動画で交換することもできるし、猫についての世界中の情報を瞬時に知ることもできる。猫の飼い方、関わり方については様々な考えがあるわけだが、それらを読むにつれて、「猫とは、連れ添う一人ひとりの人生に寄り添うものだ」と、つくづくそう思うようになった。

飼い猫の道を頑なに拒否したドラ猫

ジャムが死んでから四か月後のこと。実は新たに猫を迎え入れ、飼うつもりになったことがあった。

親父がエアデールたちのホームグラウンドと呼んで、よく著書にも書いていた近所の公園。私にとっても小学生時代からずっと馴染みの場所であるのだが、その公園にしばらく前から捨て猫と見られるまだ一年未満の雄の赤猫が住み着いていた。すでに何度も顔を合わせてよく知った猫であったのだが、その猫を貰い受けてくれないかと頼まれたのだ。

頼んできた相手は、その公園の前にある製作所のおばさんである。祖母と親父の古くからの犬仲間で、著書にもたびたび登場していたこのおばさんは犬も猫も飼っていて、捨て猫、野良猫を見つけると捕まえては自腹で避妊手術を施して里親も探すという、いわゆる地域猫活動をマイペースに行っている方であった。すぐ目の前の公園に住み着いた猫にもいち早く気付いて世話をはじめたのだが、いつまでも公園に放っておくわけにもいかない。そこで真っ先に私が思い浮かんだらしく、「ジャムちゃんも亡くなっちゃったことだし、よかったら置いてやって貰えないか」といってきたわけなのだ。

「おぅ、来たか」と思った。ジャムが死んでこれで犬も猫もいなくなったが、この先どうするか。いろいろ考えていた私ではあったが、とにかくすべては縁次第。「とにかく計らいを捨てて、まずはこの縁に乗ってみるべし」だと、すぐに準備をして、家に迎え入れるつもりでおばさんと待ち合わせのその公園へ向かったのだ。

公園にいる猫をおばさんがケージに入れて、ただそれを受け取ればいいだけの話。おばさんも猫の扱いには手馴れたものなので、私が貰い受けると承知した以上、もう他に何も心配していなかったと思う。

ところがだ！

簡単にいくかと思いきや、おばさんに抱き上げられた瞬間に何か尋常ならざる気配を察したのだろう。猫は激しく抵抗して、ようやくケージに収まりかけたところでピョーンとジャンプ一閃。弧を描いてケージから飛び出し、ダッシュでそのまま逃走。瞬く間にどこかへ消え去ってしまったのだ。

その一部始終を目撃していた私は、そのあまりの見事さにしばし唖然……。

「あ〜、ダメだったねぇ……。一度こうなっちゃったら当分は捕まんないだろうから、ほとぼりが冷めるまでしばらく様子見るしかないねぇ……。悪かったわねぇ、わざわざ来て貰ったのに」

と、猫を熟知していたおばさんはそう判断して、その場はお開きとなった。私としてもこんなケースは初めてなので、呆然としながらも笑うよりほかになかった。「そう来たか、縁がない時はこんなもんなんだな……」と初めて学べて、唖然呆然としながら妙にすがすがしい気持でもあったのだ。

赤猫はその後しばらくすると再び公園の元通りの場所でよく見かけるようになり、私にも悪びれずに気安い様子を見せるようになった。

「こら、きょひのすけ！　なんだお前、せっかく飼ってやろうとしたのに生意気に拒否しやがって」

といってやった。私はこいつを「きょひのすけ」と名付けてやったのだ。

きょひのすけは公園で出会う分には人懐っこく可愛らしい。それで「是非うちで飼いたい」という人が現れ、一度は貰われていったことがあったのだが、すぐにまた逃走して勝手に公園に舞い戻ってしまったのだという。飼われることを頑なに拒否して、あくまで自由を重んじるという、往年のドラ猫の魂の継承者の如き「きょひのすけ」であったのだ。

これもまた縁。猫と人との「袖振り合うも他生の縁」と心得るのであった。

足下に舞い降りた黒い天使

猫との出会いは、いつだって突然だった。

母の介護生活が次第に本格化していった二〇一三年の春。私はとある目的で、都心にある巨大ショッピングモール内の吹き抜け広場を訪れていた。

イベントステージでは、アイドルグループのライブが開かれている。後方は幅広いショッピングモールの通路であり、イベントには無関心な買い物一般客が右に左にと行き交う姿が見える。

するとその時、右から来る一般客の足下のすぐ後ろから、何やら黒いモノが現れたのが目に留まったのだ。その黒い不審物はステージ方向を見つめる観客集団のすぐ後ろまでやってきて、ぴたりと足を止めるやキョトリとうつむき、あたりを窺っている。

　黒猫だ、なんでこんなところに！

　私はすぐにその後を追っていった。黒猫は左右にオシャレなショップが並ぶ幅広い通路を、買い物客の足下を縫うように我が物顔でずんずん歩いていく。それは『岩合光昭の世界ネコ歩き』で見たような光景で、外国にはあってもこれまでの日本ではあり得なかったものだ。地元の商店街を足早に歩く猫を初めて見た時も驚いたが、オシャレな繁華街を堂々と歩く猫の姿はえらく新鮮で衝撃的だ。店先のショップ店員のお姉さんが猫に気付いたが、別に驚くでもなく静かに見送っていた。ということは、この黒猫は普段から頻繁にここを通っているということなのか？

　黒猫はパスタ店などが並ぶショッピング街入り口近くまで来ると、階段の角でやおら「しゅびび！」っと、マーキングのスプレーをぶちかまし、そのまま階段をすとととんとのぼっていく。おいおい、それはマズイだろう。後を追った私は、そこでさらに驚いた。その先にもう一匹の黒虎猫が待っていて、黒猫と合流したのであった。

　どうなってるんだ、ここは！

　階段をのぼったところにいた黒虎猫に挨拶を済ませた黒猫は、会えて嬉しいとでもいうように「しゅびび！　しゅびびび！」と、やおらあちこちに連続スプレーをはじめた。春で、ちょうどサカリのシーズンが来ているということなのか。二匹は互いにジャレ合いながら駆けずり回り、いつしかショッピング街の屋外入り口まで移動していた。

入り口前の長ベンチの上と下とで、互いにパンチの応酬ごっこでもつれ合っていた二匹は、入り口からまたモール内に入るかと思いきや、横への通路に進んで、出たその先はなんと公園。すでに暗くなっている春の夕暮れ時であったが、チラホラ人影があり、一人の若者がスケボーに興じる音が響いている。こんなところに公園があったのか——と、思う間もなくどこからかまた別の二匹の猫が現れて私の足下を駆け抜けたのであった。

「な、なんだ！」と、あたりをよく見回すと、小綺麗に整備された広い公園のあちらこちらに猫がいる。そこへ先ほどの黒猫もやってきて、追いかけっこの輪に加わった。なんとここは猫公園であったのだ！

都心のこんな公園でたくさんの猫に出会うとは思いも寄らなかったが、調べてみたら案の定すでにたくさんのブログ、写真、動画までもが「知る人ぞ知る猫スポット」というような体で挙げられていた。

そんなわけで、私はこの公園の猫に、その後もたびたび会いに行くようになってしまった。猫に会うために、わざわざ電車に乗ってまでして出かけたことはなかったのだが、ひたすら母の介護に明け暮れて長時間家を空けられない立場の私は、用事のついでに公園の猫にも会い、本屋の一軒も覗いたらすぐさまトンボ返りして、待っている母のおむつを替える。これが私に与えられた憩いのひとときとなってくれたのであった。

休日の昼下がりともなるとかなりの人が集まり、そんな日に限っていつもより多くの猫たちが出張ってくる。それも公園内の広々とした空間に堂々と寝そべり、腹を舐めては顔を洗うのだ。どの猫も実に半端な、何も身を隠せない広い空間に平気で居直っている。数多くの雑多な人々が群がる中で怖れる様子は微塵もなく、撫でられたり抱き上げられたりして、膝や寝そべった人の腹に乗って悦に入ってる奴がいたりもする。

猫たちと戯れている人々はまさに老若男女。様々なタイプの人々が混在しつつも一体化して溶け合っている。あまりにも多くの猫と人々が和やかに溶け合って楽しそうにしているものだから、公園に面した道を通る人々が不思議そうに見つめ、中には足を止め、輪の中に新たに加わってきたりもするのだ。

「この公園は何？　何かのイベントか、猫カフェ的な？」

たぶん誰もが最初はそんなふうに思うのだろう。だがここには入場料も興行者も存在していない。ただたくさんの猫がいて、その猫たちと交流したい人々が集まっているだけの場所なのだ。何のルールも制約もないはずなのに、なぜか不思議と統率感がある。この他に喩えようのない「平和な感じ」はなんなのだろう。

「おくりびと」ならぬ「おくり猫」

それから一年、また一年と時は過ぎ、私の介護生活はただ淡々と続いていった。

変わりなく続いているかのような介護生活であったが、それでも日が経つにつれて少しずつ介護に要する時間は増し、短時間のトンボ返りであってもなかなか出掛けにくいようになっていった。そして気が付けば、二〇一七年七月、その日を最後にぱったりと都心の猫公園訪問は途絶えてしまった。

そんな二〇一八年の元日。ふとドアを開けたら突如として目の前に黒猫が現れて、親し気な顔で「ニャァア」と鳴いた。

「これは……、あの日のイベントに乱入したあの黒猫か！」いや、そんなわけはないのだが、人懐っこそうながらも太々しいその態度は同じタイプの黒猫と見える。よく見ると、右耳の先っぽが桜の花びらのような形にカットされている。これは地域猫の世話をする人々によって手術済みの印。いわゆる「さくら耳」の「さくら猫」と呼ばれる、すでに去勢手術済みの雄猫であったのだ。

この黒猫が盛んに「ニャァニャァ」鳴きまくって訴えるので、相当に腹が減っているのだろうと察して餌を与えると、即座に大喜びで食べはじめた。世話人が正月の帰省か何かで普段通りの食事が与えられず、それで遠征してきたのであろう。食べ終わると「ごっそさん！」という顔して嬉しそうに去っていった。ところがこの黒猫、よほど嬉しかったのか、そのままこの近辺に居ついてしまったようで、その後もたびたびやってくるようになった。そしてついには家に上がり込んでくるまでに懐いてしまったのだ。

そうなると喜んだのが母であった。我が家の歴代の猫たちを飼うきっかけになっていたのは主に祖母であったが、一番きめ細かい日常の世話をしていたのはいつだって母であった。そんな母だから、ずっと忘れてはいたが二〇年ぶりに間近に猫がやってきて、かつての猫好きの感覚が一瞬にして蘇ったのであろう。

「オドタや、来たか。ほらどうしたオドタ、なんか食べたいのか?」

オドタとはかつて母が世話していた黒猫のマッチの、母独自の呼び名であった。母だけはいつも「オドタ」と呼んでいたのだ。そんなことはすっかり忘れていたのだが、まるで三〇年前にタイムスリップしたかのように同じ調子で「オドタ、オドタ!」と言い出した。それほど重くはなくとも認知症のボケがはじまっていたには違いなかったので、黒猫のマッチそのものと思ってオドタと呼んでいたのかもしれない。

オドタは同じ黒猫の雄とはいっても、実際のタイプはマッチとは異なる。その最大の特徴は今どきの猫らしいというのか、やたらとすぐに「ひょ~」と二本足で立ち上がってみせるのだ。食事を与える時など、足下にゴチンと額をぶつけ、そのまま「ぐぃ~ん」と擦り上げるように立ち上がり、さらには「早くちょうだいよ~」とばかりに私の顔をじっと見つめながら、前脚も目一杯に伸ばして「ててぃ！」と手元にじゃれついたりするのだ。

そのオドタの様子を見た母は大喜びだ。介護ベッドの母にも「ひょ〜」と立ち上がってはよく懐き、楽しませてくれていた。この不思議な縁は幸いであった。オドタによって母の最晩年はまた一つ和やかなものとなったのだ。

二〇一八年九月一〇日。母は静かに次の世へと旅立っていった。オドタは、「おくりびと」ならぬ「おくり猫」であったようだ。「おくり猫」は、いつでも密かに、時には大胆に人の懐に飛び込んで、人それぞれの生命を豊かに彩ってくれているのだ。

インターネットによって知ることができるようになった世界中の様々な猫とその飼い主たち。それぞれの意見、それぞれの生活、人それぞれの猫との関わり方、国によっても個人によっても異なる猫の捉え方……。

今思えば、一個人がそんなことを俯瞰し、物を考えることができるようになったというのも、平成という時代の大きな変化だったのかもしれない。

世界中にはいろんな人間がいて、それぞれの人生を生きている。その人がどんな信条で、どういう生き方をしているのか。そんなことには一切斟酌せず、縁あった猫はただ縁あった人に寄り添い、その人とともに生きている。

猫好きに悪い人間はいないはず――こういうような考え方もたぶん見当違いなのだろう。立場しだいでどうにでも変化してしまう相対的ないい悪いなんぞには一切頓着せず、ただその人の人生にそっと寄り添ってくれるのが、猫という生き物なのだ。「猫による癒し」ばかりが盛んに取りざたされる中で、私が感じているのはまさにそのことだ。

そうして「平成」から「令和」へ、「空前の猫ブーム」と呼ばれる日々が、たぶんこれからも続いてゆくのである。

エアデールテリアのロイを囲んで。
右端が筆者、となりに父・陽一。

幼い頃に飼っていた猫のキジとマルコ。

あとがき

まるまる一冊「ドラ猫」にこだわりぬいた世にもバカバカしい稀にみる奇書となった本作。それは二〇〇九年の三月、フリー編集者の毛利千香志さんから丁重なお手紙をいただいたことにはじまった。あれから丸十年！　ようやく！　本当にようやくにして、こうして無事に発行していただけることとなって感慨無量。ただもう感謝しかない。

毛利さんは学生の頃にキオスクでたまたま見つけた私の最初の著書『ネコ「Cat」無用の雑学知識』を熱心に深く読み込んでくれていた方で、いつか自分の手で画期的に面白い猫の本を世に送り出したいと願っていたという。その「画期的に面白い一冊」「日本一面白い猫の本」を、是非ともこの私に執筆して貰いたい。目指すところは近頃の「ただかわいいだけ」をうたった猫ブームには飽き足らない読者に向けた、ガッツリ読み応えのあるストロングスタイルの猫の本。そんな本当に面白い一冊を一緒に創り出しましょう——というのであった。その熱意に大いに共感して執筆を快諾した私であったが、企画の具体化にはかなりの時間を要してしまったのだ。

毛利さんは独特な猫への思い入れをお持ちの方であったが、飼ってはいなかった。猫が好きだけど飼えない。あえて飼わない道を選んで、巷で出会う野良猫の観察や、地域猫との交流を楽しんでいらした。繁華街のごみ集積場近くに寝そべっていた野良猫を背中から撫でていたところ、しばらくして急に半回転、振り向きざまに手の甲を引っ掻かれて深傷(ふかで)を負った経験もあり、よく見たら顔面や耳に歴戦の傷跡を持つ強者のヤクザ猫だったのだとか。そんな街角で出会った「太々しい奴ら」の写メを撮っては送ってくださり、九州旅行の際にも西郷隆盛ゆかりの地にたたずむ猫や、知覧飛行場跡地の猫、瀧廉太郎の『荒城の月』で有名な城下町を練り歩いては、にゃーにゃーと駅の構内まで先導して案内してくれたという猫の写真と様子などを伝えてくださった。

その一方で、「駅の自動改札の上で寝込んでいる猫」など、猫の面白動画を見つけては教えてくれたり、ある時は「納涼レイトショー化け猫映画大会」に足を運び、入江たか子主演の『怪猫岡崎騒動』と鈴木澄子主演の『有馬猫』の内容と感想も伝えてくれた。

そんな毛利さんからの情報や励ましがあってこそ、本書のイメージを徐々に具体化していくことができたわけである。

二〇一一年二月、毛利さんは故郷の石川県金沢市に活動の場を移すこととなったのだが、ある出版社に企画を通してくださり、書籍化の目途もついていた。

ところが、その一か月後に東日本大震災が起こってしまい、その後の節電の暗闇で私は右中指を骨折する事故を起こしてしまった。手術後のリハビリに何か月もかかって執筆は滞り、さらには九月に母も腰骨を骨折する事故があって、それを機に母を介護する生活がはじまってしまったのだ。

母の介護に要する時間と労力は、それから徐々に深まっていったが、一方で本書の執筆が励みとなって力となった面が確かにあり、介護と執筆が両輪となって私を前へと進めてくれていたようにも思う。

ようやくにして「ドラ猫」というキーワードとブロック塀の件を思いつき、一気に構想がまとまり執筆に弾みがつく。さらには平安時代の繋がれ猫と荒ぶる犬の件が加わり一応の完成をみた。あの状況の中で書けたというのは、まさに本書の登場キャラとしてのドラ猫の太々しい生命力、「ドラ魂」の賜物とも思われた。

完成原稿を読んだ毛利さんは喜んでくださったのだが、出版はタイミングにも左右されるもの。残念ながら予定していた書籍化は見送りになり、その渦中で介護を続けていた母は、本を読んで貰うこともかなわずに、あの「おくり猫」のオドタにおくられ、唐突にして次の世へと旅立って行ってしまったのだ。

紆余曲折あった本書の企画が、平成の世が終わって新たなる元号・令和を迎えた今ここに、ふしぎな縁で三賢社から日の目を見ることとなり、この「あとがき」を書くことができようとは、なんと幸運なことであろうか。

毛利千香志さん、三賢社の皆さん、本づくりをサポートしてくださった中村伸さん、そして母の御霊と、執筆中から現在まで私を支えて下さったすべての存在、出会ったすべてのドラ猫たちに心よりお礼を申し上げます。ありがとうございました。

二〇一九年五月一二日　令和最初の「母の日」に

参考文献

『猫の歴史と奇話』平岩米吉（池田書店）
『猫になった山猫　改訂版』平岩由伎子（築地書館）
『猫が小さくなった理由』スー・ハベル　矢沢聖子訳（東京書籍）
『鈴の音が聞こえる　猫の古典文学誌』田中貴子（淡交社）
『史料としての猫絵　日本史リブレット』藤原重雄（山川出版社）
『不思議猫の日本史』北嶋廣敏（グラフ社）
『猫まるごと雑学事典　つい他人に話したくなる猫の秘密教えます』北嶋廣敏（日本文芸社）
『キャット・ウォッチング　ネコ好きのための動物行動学』デズモンド・モリス　羽田節子訳（平凡社）
『キャット・ウォッチング　Part Ⅱ』デズモンド・モリス　羽田節子訳（平凡社）
『ネコのこころがわかる本　エソロジーの視点から』マイケル・W・フォックス　奥野卓司ほか訳（ダイヤモンド社）
『ねこの秘密』山根明弘（文春新書）
『環境問題と世界史』大場英樹（公害対策技術同友会）
『死者たちの中世』勝田至（吉川弘文館）
『日本葬制史』勝田至編（吉川弘文館）
『妖怪は繁殖する　ナイトメア叢書』一柳廣孝　吉田司雄編著（青弓社）
『犬の伊勢参り』仁科邦男（平凡社新書）
『犬たちの明治維新　ポチの誕生』仁科邦男（草思社）
『本当はひどかった昔の日本　古典文学で知るしたたかな日本人』大塚ひかり（新潮社）

『都市平安京』西山良平（京都大学学術出版会）
『姿としぐさの中世史　絵図と絵巻の風景から』黒田日出男（平凡社）
『犬の日本史　人間とともに歩んだ一万年の物語　読みなおす日本史』谷口研語（吉川弘文館）
『寄席の底ぢから』中村伸（三賢社）
『もし犬が話せたら人間に何を伝えるか』沼田陽一（実業之日本社）
『犬に愛される生き方　この一冊で飼い主の偏差値がわかる　ノン・ブック』沼田陽一（祥伝社）
『イヌ「Dog」無用の雑学知識』沼田陽一（ＫＫベストセラーズ）
『ネコ「Cat」無用の雑学知識』沼田朗（ＫＫベストセラーズ）
『なぜ猫は可愛いか　「ネコ語」に強くなる本　ノン・ブック』沼田朗（祥伝社）
『はぐはぐ　1〜16』沼田朗・こなみかなた（双葉社）
『最新恐竜論　1億6000万年の恐竜時代と「大絶滅」』（学研プラス）
医学情報誌「モダン・メディア　2010年2月号」（栄研科学）
……ほか

沼田 朗（ぬまた・ほがら）
1959年東京・板橋区生まれ。多摩芸術学園絵画科卒。犬について数多くの著書がある父・沼田陽一の影響で、幼い頃から犬や猫に囲まれて暮らし、培われた観察眼を生かして『ネコ「Cat」無用の雑学知識』『猫を喜ばせる本』、マンガ『はぐはぐ』（作画こなみかなた）などを上梓。『恐竜びっくり読本』などの著書もあり、恐竜からペット動物まで、生き物にまつわる知識は多岐にわたる。やがて生来のドラ魂に火がつき、ドラ猫観察の成果を結集したのが本書である。

扉　装画：KORIRI
ブックデザイン：西 俊章
本文組版：佐藤裕久
編集協力：中村 伸

JASRAC 出 1905416-901

ドラ猫進化論

2019年6月27日　第1刷発行

著者　沼田 朗
発行者　林 良二
発行所　株式会社 三賢社
〒113-0021　東京都文京区本駒込4-27-2
電話　03-3824-6422
FAX　03-3824-6410
URL　http://www.sankenbook.co.jp

印刷・製本　中央精版印刷株式会社

Printed in Japan
ISBN978-4-908655-13-5 C0095